西藏鱼类图集

ATLAS OF FISHES OF THE XIZANG PLATEAU

纪锋　李雷　著

中国农业出版社

西藏水生生物保护系列丛书
Series of Aquatic Biodiversity Conservation of the Xizang Plateau

牟振波 西藏自治区农牧科学院水产科学研究所所长

Mou Zhenbo Fisheries Science Research Institute, Xizang Academy of Agricultural and Animal Husbandry Sciences

李大鹏 华中农业大学水产学院副院长

Li Dapeng College of Fisheries, Huazhong Agricultural University

陈毅峰 中国科学院水生生物研究所研究员

Chen Yifeng Institute of Hydrobiology, Chinese Academy of Sciences

杜军 四川省农业科学院水产研究所所长

Du Jun Fisheries Research Institute, Sichuan Academy of Agricultural Sciences

吴青 西南大学教授

Wu Qing Southwest University

杨德国 中国水产科学研究院长江水产研究所研究员

Yang Deguo Yangtze River Fisheries Research Institute, Chinese Academy of Fishery Sciences

杨瑞斌 华中农业大学水产学院副教授

Yang Ruibin College of Fisheries, Huazhong Agricultural University

王炳谦 中国水产科学研究院黑龙江水产研究所研究员

Wang Bingqian Heilongjiang River Fisheries Research Institute, Chinese Academy of Fishery Sciences

马波 中国水产科学研究院黑龙江水产研究所研究员

Ma Bo Heilongjiang River Fisheries Research Institute, Chinese Academy of Fishery Sciences

系列丛书主编 | Chief Editor of the series

崔利锋 Cui Lifeng   纪锋 Ji Feng   陈大庆 Chen Daqing

西藏鱼类图集
Atlas of Fishes of the Xizang Plateau

本册编委会 | Editorial Board of the atlas

主编 | Chief Editor

纪锋 Ji Feng　李雷 Li Lei

副主编 | Associate editor

马波 Ma Bo　李宝海 Li Baohai　金星 Jin Xing　方辉 Fang Hui

顾问 | Consultant

张春光 Zhang Chunguang

编委会 | Editorial Board

(按姓名笔画排序 Sort by name stroke)

马波 Ma Bo　马卓君 Ma Zhuojun　孔德平 Kong Deping　王志坚 Wang Zhijian　王炳谦 Wang Bingqian　户国 Hu Guo

白淑艳 Bai Shuyan　刘永新 Liu Yongxin　朱挺兵 Zhu Tingbing　刘海平 Liu Haiping　汤施展 Tang Shizhan

纪锋 Ji Feng　李华 Li Hua　李雷 Li Lei　陈小勇 Chen Xiaoyong　张金凤 Zhang Jinfeng

杨瑞斌 Yang Ruibin　陈毅峰 Chen Yifeng　姜海峰 Jiang Haifeng　都雪 Du Xue　舒树森 Shu Shusen

序

西藏自治区位于我国西南边陲，是青藏高原的主体，平均海拔 4 000m 以上，面积 120 多万 km²。被誉为"地球第三极"的青藏高原是我国重要的生态屏障和安全屏障，对亚洲乃至世界的气候变化都有着重要意义。西藏水资源丰富，藏北高原多内流水系，湖泊多，面积大。西藏也是许多大江大河的发源地，如雅鲁藏布江、怒江、金沙江、印度河等。自第三纪中、后期青藏高原急剧隆升以来，孕育了适应于高寒自然环境的高原水域生态系统和高原鱼类，并随着高原的持续隆升而逐步演化。

高原水域生态系统十分脆弱，一旦被破坏，便很难恢复。自 20 世纪 80 年代以来，不断有内地人到西藏捕鱼，采用炸、电、毒等违法方式，对鱼类资源造成严重破坏。当地人笃信宗教，将一些从内地运到西藏食用的鱼买来放生，客观上造成了外来种入侵。西藏鱼类资源的变化情况，有必要进行全面的调查。继 1995 年西藏自治区组织渔业科学考察后，2014 年在农业行业专项——"雅鲁藏布江中游渔业资源保护与利用"项目的支持下，中国水产科学研究院黑龙江水产研究所纪锋、马波研究员率领其研究团队再次开启了西藏雅鲁藏布江渔业资源的科学考察工作。科考队历时四年，忍受了高原缺氧、气候多变、虫蛇叮咬等恶劣环境，先后六次深入西藏进行科学考察，行程 30 000 多 km。通过野外采集、拍摄，加以文字注解，编著了这部图文并茂的《西藏鱼类图集》。本书收录了西藏 69 种鱼类的原色图片，其中包括 56 种（亚种）土著鱼类和 13 种外来鱼类，所用图片资料均为首次公开。本书利用现代摄像、图片处理等技术，配以文字、数据注解等，图文并茂地展示了物种的主要生物学特性及栖息环境等。

由于西藏地区的生态环境受全球气候变暖和人类活动的综合影响，生态系统稳定性降低，导致部分特有珍稀鱼类濒危甚至绝迹，尽管项目组历尽千辛努力，仍有少数历史记载的鱼类难寻踪迹。西藏鱼类多样性的保护面临着严峻考验，保存这些鱼类珍贵的影像资料显得十分迫切并具有历史意义。

中国科学院院士

2017 年 10 月

前　言

　　西藏自治区位于我国西南边陲，奇特多样的地形地貌、复杂独特的气候、丰富的水体以及相对较低的纬度，孕育了全球最具特色的高原水生生态系统和高原鱼类，包括黑斑原鮡、尖裸鲤、平鳍裸吻鱼等珍稀特有鱼类。结合2014—2017年执行农业行业专项——"雅鲁藏布江中游渔业资源保护与利用"科学考察工作，我们对西藏鱼类进行拍摄、整理并集结成图册，本册共收录了西藏56种（亚种）土著鱼类，以及13种外来鱼类的原色图片并辅以文字介绍。种名鉴定主要根据《中国动物志》《青藏高原鱼类》《西藏鱼类及其资源》《中国条鳅志》《中国湖泊志》等专著及相关文献，并结合本次调查结果整理而成，希望此书可以为科研人员、学生、环保人士和游客提供参考，从而促进对西藏鱼类多样性的研究与保护。

　　作者试图将历史资料记载的鱼类都能够以图片形式收集完整，但一些珍稀特有鱼类目前资源已十分稀少，采集活体难度巨大，有时为获得一尾样本需寻找半个月之久。尽管如此，仍有少数历史记载的鱼类没有采集到，如曹文宣院士1975年在珠穆朗玛峰地区科学考察中采集到的昂仁裸裂尻鱼等。我们在中国科学院水生生物研究所标本馆补充拍摄了一些鱼类标本照片，文字介绍包括鱼类的名称、体长、形态特征、生活习性和分布。其中，形态特征主要以体型、体色、器官特征等外部形态描述为主。工作过程中，中国科学院水生生物研究所陈毅峰研究员，中国科学院昆明动物研究所陈小勇、舒树森和孔德平，西南大学王志坚教授等提供了部分鱼类照片；中国科学院动物研究所张春光研究员为书稿文字审订和标本鉴定提供了帮助；龚君华、王继隆、张弛、陈中祥、程磊、吴松、霍堂斌、吴善福、周建设、王万良、曾本和、张静群、扎西拉姆、牟富益、胡和远等为照片的拍摄提供了大力的协助，在此表示衷心感谢！

　　由于我们水平有限，书中难免存在疏漏甚至谬误之处，期盼广大读者批评指正。

著者

2017年10月

Foreword

Located in the southwestern border of China, the Xizang Plateau Autonomous Region, with its complex terrain, diverse climate, abundant water bodies and relatively low latitudes, gave birth to the unique plateau aquatic ecosystems and plateau fish species in the world, including rare endemic fishes such as *Glyptosternum maculatum*, *Oxygymnocypris stewartii* and *Psilorhynchus homaloptera*. Combining with the scientific research on the protection and utilization of fishery resources in the middle reaches of the Yarlung Zangbo River during 2014-2017, we collected, sorted and compiled the catalogs of Xizang Plateauan fish species and collected natural-color images of 56 species (subspecies) indigenous fish, as well as 13 exotic fish, supplemented with text. The main contents of the text are based on monographs and related literatures such as the " Fauna Sinica", "Qinghai-Xizang Plateau Plateau fishes", "Xizang Plateauan fishes and its resources", " Ichthyography of *Noemacheilinae* in China", " Chinese Lake Records" and the results of our surveys. We hope this book will provide reference for researchers, students, environmentalists and tourists to promote the study and protection of fish diversity in Xizang Plateau, China.

The authors attempt to collect all the fishes recorded in historical data in the form of pictures. Due to the current scarce resources of some endemic fish species, it is very difficult to acquire live fish and sometimes it takes half a month to obtain a single sample. However, thirteen species of fish had not been collected, such as *Schizopygopsis younghusbandi wui*, and the photos were gotten from the specimen library of Institute of Hydrobiology, Chinese Academy of Sciences. The text includes the name of the fish, body length, morphological characteristics, habits and distribution. Among them, the morphological description mainly included body size, body color and organ characteristics. In the writing process of this book, some fish photos were provided by Professor Chen Yifeng at Institute of Hydrobiology, Chinese Academy of Sciences; Mr Chen Xiaoyong, Mr Shu Shusen and Mr Kong Deping at the Kunming Instituteof Zoology, Chinese Academy of Sciences; and Professor Zhang Chunguang at the Institute of Zoology, Chinese Academy of Sciences provided help in sciences text checking and specimen identification; Gong Junhua, Wang Jilong, Zhang Chi, Chen Zhongxiang, Cheng Lei, Wu Song, Huo Tangbin, Wu Shanfu, Zhou Jianshe, Wang Wanliang, Zeng Benhe, Zhang Jingqun, Mou Fuyi, and Hu Heyuan also contributed in photo collection. Here, the authors express our most sincere appreciation for the kindly and valuable help!

Due to our limited knowledge, the inevitably omissions or even fallacious place should be within the book. We are looking forward to the criticism and correction from the readers.

Authors
October 2017

目录

一、形态术语说明

为了利于读者对本书的阅读，本章把书中文字部分涉及到的形态专业术语进行解释。

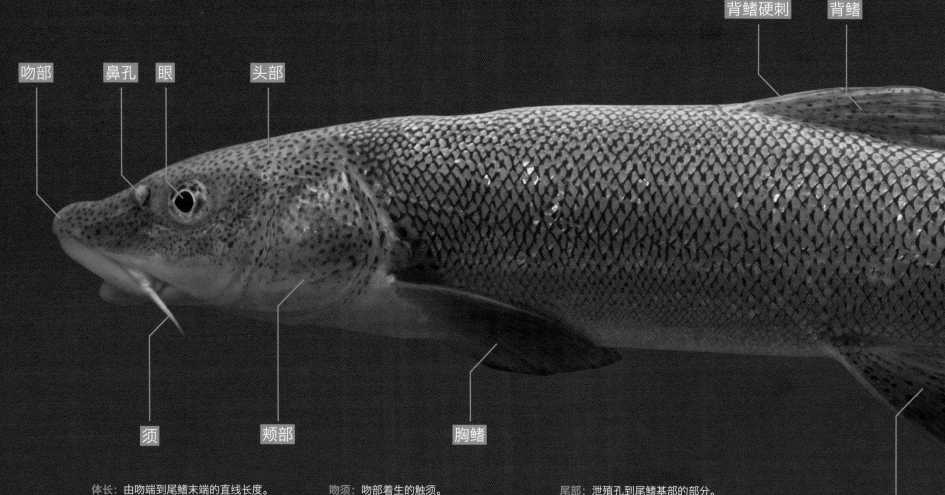

吻部　　鼻孔　眼　　　头部　　　　　　　　　　　　　背鳍硬刺　背鳍

须　　　　颊部　　　　　　　　胸鳍　　　　　　　　　　　　　　腹鳍

体长：由吻端到尾鳍末端的直线长度。

头部：吻端到鳃盖骨后缘部分。

吻部：吻端到眼前缘的部分。

乳突：上唇和下唇表面着生的肉质突起。

颊部：眼后下方鳃盖骨之前的部分。

吻须：吻部着生的触须。

鼻须：处于鼻孔边缘的须。

颌须：又称为口角须，指处于口角处的须。

颏须：又称为颐须，指处于颏部的须。

眼后头长：由眼后缘到鳃盖骨后缘的长度。

尾部：泄殖孔到尾鳍基部的部分。

侧线鳞：由鳃盖后端至尾鳍基部之间具有侧线孔的鳞片。

臀鳞：在肛门前后和臀鳍基部两侧具有的一列鳞片。

背鳍硬刺：一般指背鳍的末根不分支鳍条

角质边缘：上、下颌角质化边缘。

颏部：左右齿骨在头部腹面的联合位置，也成为颐部。

口位：口的位置，上颌长于下颌的为下位，两者等长的为端位，
　　　上颌短于下颌的为上位。

峡部：位于颏部的后面，头部腹面两鳃盖膜之间的部分。

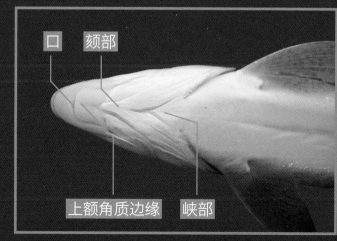

口　颏部

上额角质边缘　峡部

侧线鳞　臀鳞　　臀鳍　　　　　　　　　尾部　　　　　尾鳍

如何阅读本书

本图集列出的鱼类图片按照分类地位排列，其中分为两部分，一位土著鱼类，二为外来鱼类；同时选择典型的鱼类栖息地环境进行展示。每一页面中，展示的内容包括鱼类全貌、局部特征，其中局部特征用框图表示。附文字介绍鱼类的中文名、拉丁名、俗名、形态学特征、生活习性、分布地点等。照片下注明鱼体是否活体、采集地点、采集地海拔、鱼体全长、拍摄人、拍摄时间。

鱼类照片

水生动物专家和摄影专家拍摄的这些照片，显示了此鱼的体态特征。

局部特写

从各个角度拍摄该鱼类的局部特征。

 活体或标本　 鱼的全长

 采集地点　 拍摄人

 采集地海拔　拍摄时间

鱼类名称

鱼类的学名、拉丁文名以及俗名。

鱼类简介

形态特征、生活习性和分布。其中形态特征主要以体型、器官形状与位置、体色等外部形态描述为主。

西藏鱼类图集

尖裸鲤

拉丁名：*Oxygymnocypris stewartii* (Lloyd, 1908)
俗名：白鱼

》 体修长。头锥形，吻部尖长。口端位，较大。下颌稍短于上颌，无锐利的角质。上唇发达，下唇分左右两叶。唇后沟中断。无须。背鳍末根不分支鳍条较粗硬，具有显著的锯齿，背鳍起点至吻端的距离远大于其至尾鳍基部的距离；腹鳍基部起点位于背鳍起点之前的下方。体表几乎裸露无鳞，仅在肩带部分有少数鳞片且具有臀鳞。体背部青灰色，体侧灰白色，腹部银白色，在头部、背部和体侧具有不规则斑点。喜流水，肉食性，主要以鱼类和水生昆虫为食。雄性成熟的个体具有珠星，而雌性无珠星。繁殖期为3～4月，为分批同步产卵鱼类。在雅鲁藏布江中游干流是唯一的肉食性鱼类，处于食物链的顶端，为西藏当地重要的保护对象。

分布：主要分布在雅鲁藏布江的中游干支流，但根据项目组的调查，在日喀则以下的中游干支流数量较少，在上游干流的霍尔巴有所发现。

54　活体　雅鲁藏布江仲巴江段　4529m　345mm　李雷　2015年10月

浅棕条鳅

拉丁名：*Nemacheilus subfusca* 〔McClelland, 1839〕

>> 体延长，稍侧扁，尾柄短。头锥形，头高略小于头宽。口下位。唇狭，唇面有浅褶皱，有一齿形凸起位于上颌中部，下颌呈匙状。须较长，外吻须后伸超过眼中心，颌须稍超过眼后缘的下方。背鳍基部起点至吻端距离等于或略大于背鳍基部起点至尾椎末端的距离；腹鳍末端远不达肛门；尾鳍深凹入。肛门不靠近臀鳍起点。体被小鳞，近胸鳍上方区域鳞片稀疏。侧线薄管状，向尾鳍渐稀，达或不达尾鳍基。背部和体侧多褐色横斑带，背鳍前有 5~9 条横斑，背鳍后有 3~4 条横斑。小型鱼类，杂食性，主要以寡毛类、摇蚊幼虫、毛翅目幼虫和植物碎屑等为食，喜流水，栖息于石砾缝隙或沿岸被水流掏空的洞穴中。

分布：雅鲁藏布江墨脱和察隅段及其支流；国外分布于布拉马普特拉河印度阿萨姆邦段及其支流。

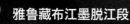

东方高原鳅

拉丁名: *Triplophysa orientalis* (Herzenstein, 1888)

体长，近圆筒形，前躯较宽，后躯侧扁，尾柄较高。头部略平扁，口下位，较宽。吻钝，等于或短于眼后头长。唇厚，上唇具皱褶，下唇具乳突和深皱褶，下颌匙状。须3对，中等长。无鳞，侧线完全。背鳍边缘平截或稍外凸，呈浅弧形；胸鳍后伸可达胸鳍和腹鳍基部起点的1/2处；腹鳍末端后伸达或超过肛门；尾鳍后缘微凹入。背鳍前后各有4~5个深褐色鞍形斑或横斑，体侧多褐色斑点。喜栖息于河流、湖泊或池沼等水体的浅水处，主要以端足类为食，也摄食少量硅藻和其他水生昆虫。繁殖期为5~6月。

分布：拉萨河及其附属水体。

 活体　　 拉萨河拉萨段　　 3619m　　 137mm　　 李雷　　 2016 年 4 月

拟硬刺高原鳅

拉丁名： *Triplophysa pseudoscleroptera* 〔Zhu & Wu, 1981〕

≫ 体延长，前驱近圆筒形，后驱侧扁，尾柄自起点至尾鳍方向的高度几乎相等。头呈锥形，略扁平。口下位，上唇有乳突，下唇有褶皱，无锐利角质边缘。3对须，外吻须后伸超过鼻孔，颌须末端可达眼中间下方。体表无鳞。侧线完全。背鳍全吻端的距离等于或大于全尾鳍基部的距离，背鳍末根不分支鳍条基部2/3处粗硬；胸鳍后伸不达腹鳍基部起点；腹鳍基部起点位于背鳍起点之后与第1~2分支鳍条相对应。尾鳍后缘凹入。在背鳍前后各有4~6块褐色横斑，体侧具有不规则的褐色扭曲条纹，沿侧线具有1列褐色块斑，背鳍和尾鳍上具有褐色斑点。为杂食性鱼类，主要以着生藻类、水生昆虫幼虫等为食，主要栖息于浅水区。

分布：青海、云南、四川、甘肃均有分布，西藏境内主要分布于怒江上游水域。

 活体　　 怒江八宿段　　▲ 3235m　　 106mm　　 李雷　　🕐 2017 年 3 月

西藏高原鳅

拉丁名：*Triplophysa tibetana* (Regan, 1905)

>> 体延长，前躯高而扁圆，尾柄较低。吻部较尖，吻长小于眼后头长。口下位，弧形，口裂较小。唇厚，上唇边缘有流苏状乳突，下唇多深皱褶，下颌匙状，不外漏。须 3 对，较短小。体裸露无鳞，体表分布较多不明显小结节。侧线不易见，仅达胸鳍基部上方。背鳍边缘呈圆弧形，背鳍基部至吻部的距离大于或等于到尾部的距离；腹鳍后伸可达肛门；尾鳍后缘深凹入。背、侧部基色为浅褐色，腹部浅黄色。背鳍、尾鳍多有成排褐色斑点。喜栖息于缓流、湖泊或沼泽地多植物丛生的浅水处，主要以水生无脊椎动物为食，兼食部分硅藻类。繁殖期为 6 月。

分布：雅鲁藏布江中上游、印度河上游的狮泉河、恒河上游的朋曲，莫特里湖、玛旁雍错等地。

活体   雅鲁藏布江萨嘎江段   4378m   168mm   李雷   2016 年 4 月

异尾高原鳅

拉丁名：*Triplophysa stewarti*〔Hora, 1922〕

体延长，前躯近圆筒形。尾柄低，前部稍圆。头略平扁，头宽等于或稍大于头高，吻长等于或短于眼后头长。口下位。唇厚，上唇边缘有流苏状乳突，下唇多深褶皱和乳突。下颌匙状，不外露。须3对，须中等长。体表布满小结节，无鳞，侧线不完全。胸鳍后伸不达腹鳍基部；腹鳍起点位于背鳍起点之后，后伸可达肛门；尾鳍后缘深凹入。体基色浅棕或浅黄，背部较暗。背鳍前后各有3~5块深褐色横斑，体侧有不规则的褐色斑点，各鳍均有褐色小斑点，其中以背、尾鳍最密。喜息于河流或湖泊的浅水处石砾间，常以剑水蚤、盘肠蚤、摇蚊幼虫或底栖介形虫为食。繁殖期为6~7月。

分布：多庆湖、羊卓雍湖、纳木湖、戳错龙错、昂拉仁错、色林错、班公错及怒江上游的那曲、二道河、狮泉河等地均有分布。

活体　　狮泉河革吉段　　4509m　　132mm　　李雷　　2016 年 4 月

短尾高原鳅

拉丁名：*Triplophysa brevicauda*（Herzenstein, 1888）

>> 体延长，前躯近圆筒形，后躯侧扁。尾柄较高。头略平扁，头宽大于头高，吻长等于或稍长于眼后头长。口下位。唇厚，唇面有浅褶皱。下颌匙状。须 3 对，中等长，外吻须后伸达鼻孔后缘，颌须后伸达眼后缘之间的下方。体裸露无鳞，侧线完全、平直。胸鳍后伸不达腹鳍基部；腹鳍起点位于背鳍起点之后，后伸达或接近肛门；尾鳍后缘稍凹入。体基色浅黄，背侧部浅褐色。背部有 8~10 个较宽的黑色横斑，体侧有不规则的褐色斑点，背鳍有褐色斑点。尾鳍有褐色纵向斑条。

分布：西藏高原江河湖泊中。

 活体 　 雅鲁藏布江萨嘎江段 　 4378m 　 102mm 　 李雷 　 2015 年 7 月

斯氏高原鳅

拉丁名：*Triplophysa stoliczkai* (Steindachner,1866)

体延长，前躯呈圆筒形，后躯侧扁。吻钝，头稍平扁，头宽大于头高。口下位，弧形，口裂较小。上唇边缘有流苏状乳突，下唇薄而后移，边缘光滑，下颌水平，前缘呈铲状，上下颌漏于唇外。须3对，中等长。背鳍游离缘平截或微凹；胸鳍末端后伸未达到腹鳍；腹鳍起点与背鳍起点相对；尾鳍微凹，下叶稍长。无鳞，表皮光滑，侧线完全。体基色为浅褐色，腹部灰白色。背鳍前后各有3~4块鞍形斑，体侧有不规则斑纹和斑点，背尾鳍多褐色小斑点。喜栖息于河流和湖泊岸边浅水的石砾间隙，主要以硅藻、绿藻及植物碎屑和毛翅目幼虫、摇蚊幼虫为主要食物。繁殖期为5~7月。

分布：雅鲁藏布江水系及内陆湖泊（巴木错）、德汝藏布等。

 活体  雅鲁藏布江日喀则江段 ⛰ 3746m 📏 127mm   李雷  2015 年 10 月

23

细尾高原鳅

拉丁名: *Triplopbysa stenura* (Herzenstein,1888)

体延长，前躯较宽，近圆筒形，背鳍之后向尾部逐渐变细。尾柄细圆，较长，尾柄基处侧扁。头大，略平扁。吻略呈锥形。眼较小。口下位，呈弧形。唇厚，上唇边缘有流苏状乳突，下唇有较短乳突。上颌弧形，下颌匙状，边缘锐利，露于唇外。须 3 对，较长。体表光滑，无鳞，侧线完全。背鳍背缘平截或微凹入，其起点至吻端的距离大于或等于至尾鳍基部的距离；胸鳍较长，达到胸鳍起点至腹鳍起点的 2/3；尾鳍后缘深凹入。基色为浅黄色或浅棕色，背鳍前后各有 4~5 块深褐色横斑，各鳍均有褐色斑点。主要以着生藻类为食，也摄食寡毛类和摇蚊幼虫。自高原水体开冰后至当年 10 月可见性成熟个体及怀卵者。

分布: 西藏境内的长江、怒江、沧澜江、金沙江、雅鲁藏布江、朋曲等水系。

窄尾高原鳅

拉丁名：*Triplophysa tenuicauda* (Steindachner,1866)

≫ 体延长，前驱近圆筒形。尾柄较低，自尾鳍起点至尾鳍基部之间尾柄高度逐渐降低，尾柄起点处的宽大于尾柄高。头呈锥形。吻长约等于眼后头长。口下位。唇厚，上唇有流苏状的乳突，较为明显；下唇也具有乳突和浅褶皱。下颌匙状。3 对须，中等长，外吻须可后伸达后鼻孔，颌须后伸可超过眼中心下方，但不超过眼后缘。体表光滑无鳞，皮肤常有不明显的粒状突起。侧线完全。背鳍背缘平截，其基部起点至吻端的距离等于或大于至尾鳍基部的距离；胸鳍后伸可达胸、腹鳍起点的 3/5 处；腹鳍基部起点位于背鳍基部起点之后，与其第 1~2 根分支鳍条相对，末端可达臀鳍起点；尾鳍后缘凹入。在背鳍前后各有 4~5 个横斑，体侧具有不规则的斑块和斑点。背鳍和尾鳍具有褐色小斑点。

分布：我国西藏阿里地区的狮泉河，印度河上游及邻近水域。

小眼高原鳅

拉丁名：*Triplophysa microps* (Steindachner, 1866)

》 体延长，背鳍前近圆筒形，背鳍后侧扁。尾鳍的高度自尾鳍起点至尾鳍方向约相等。头宽大于头高。眼后头长大于或等于吻长。口下位。上唇具有不明显的乳突，下唇光滑或具有较浅的褶皱。3 对须，较短，外吻须后伸可超过鼻孔，颌须后伸可达眼后缘。体表光滑无鳞。侧线完全，在背鳍后消失。背鳍背缘平截，背鳍起点至尾鳍基部的距离略小于至吻端的距离；胸鳍后伸可达胸、腹鳍基部起点的中点；腹鳍基部起点位于背鳍基部起点之前，末端远不达肛门；尾鳍平截或略凹入。在背鳍前后各有 5~6 块深褐色鞍形斑。尾鳍具有褐色斑点。喜栖息于支流浅水处，杂食性鱼类，主要以水生无脊椎动物为食，也摄食一定的藻类和有机碎屑，繁殖期为 5~6 月。

分布：西藏象泉河、狮泉河、羌臣摩河、昂拉仁错、吉隆河、波曲河、麻章藏布、西霞巴曲，印度河上游及临近水域。

 标本　 中国科学院水生生物研究所　 姜海峰　 2017 年 5 月

改则高原鳅

拉丁名：*Triplophysa gerzeensis* Cao & Zhu, 1988

体延长，前驱近圆筒形，后驱侧扁。尾柄较低。头宽大于头高。吻长等于或大于眼后头长。口下位，唇厚且具有较深的褶皱，下颌不具有锐利的角质边缘。须3对，中等长，颌须后伸超过眼中间下方。无鳞。侧线不完全，在背鳍下方之后，侧线消失，也有个别在臀鳍的上方以后消失。背鳍背缘平截，背鳍基部起点到吻端的距离大于到尾鳍基部的距离；胸鳍较长，后身可超过胸鳍起点至腹鳍起点的2/3；腹鳍基部起点位于背鳍基部起点的后方，后伸达臀鳍基部起点；尾鳍后缘凹入。在背鳍前后各有4~5块褐色横斑，其宽度与斑纹间隔的宽度相等。沿体侧纵轴有一列较大的褐斑，其余分布有不规则的褐色斑点。背鳍和尾鳍具有不明显的小斑点。

分布：西藏改则县的茶错支流，措勤县的苏里藏布和夏康剪雪山北坡的小湖，分布在海拔4 370m 以上，是世界上分布最高的鱼类之一。

 标本 中国科学院水生生物研究所 姜海峰 2017 年 8 月

墨脱四须鲃

拉丁名：*Neolissochilus hexagonolepis* (McClelland, 1839)
俗　名：青鳞鱼、大鳞鱼、开阿（门巴族语）

体侧扁，头长显著小于体高。吻钝圆，吻侧具珠星。眼较大，眼间距大于吻长，鼻孔距吻端的距离大于其距眼前缘的距离。口亚下位，呈马蹄形，口裂大，后伸可达眼前缘垂直线。须 2 对，较发达，吻须略短于颌须，吻须后伸达眼前缘，颌须后伸超过眼后缘。背鳍末根不分支鳍条稍粗硬且光滑，背鳍起点至吻端的距离小于至尾鳍基部的距离；胸鳍后伸不达腹鳍起点；腹鳍起点位于背鳍起点的后下方，后伸不达臀鳍起点。尾鳍叉形；鳞片较大，腹鳍基部具狭长腋鳞。侧线完全。肛门紧靠臀鳍起点。体背侧部青黑色，腹部色浅。杂食性鱼类，以水中高等维管束植物为主要食物，兼食水生昆虫和藻类。繁殖期为 11~12 月，在支流浅水处产卵。

分布：雅鲁藏布江下游干支流及伊洛瓦底江。

  活体　雅鲁藏布江墨脱江段　645m　369mm　李雷　2017 年 3 月

墨脱华鲮

拉丁名： *Bangana dero* (Hamilton, 1822)
俗名： 鳞甲鱼（墨脱）、吉阿（门巴族语）

体较高，略侧扁，吻圆钝，向前突出。上唇边缘光滑、肉质，与吻皮分离；下唇与下颌分离，其边缘及内面具有显著钉状乳突。上下唇在口角处相连，唇后沟由隔膜分隔成中部和两侧。口下位，略呈半圆形。颌须 1 对，细小。下颌很厚，外被极易脱落的薄角质层。鳃膜在前鳃盖骨后缘之下连于鳃颊。体被鳞片，腹鳍基部具狭长的腋鳞。背鳍外缘深凹，第 1 根分支鳍条粗硬且后缘无锯齿，其长度远超过头长；胸鳍后伸不达腹鳍起点，其长度约与头长相等；腹鳍后伸可达肛门；臀鳍外缘内凹，后伸可达尾鳍基部；尾鳍叉形。体背部灰黑色，腹部灰白，鳞片上有一浅白色点。常年栖息于雅鲁藏布江下游深水河道或洄水处，刮食周丛生物，繁殖期为 2~3 月。

分布：雅鲁藏布江下游墨脱县。

 活体　　 雅鲁藏布江墨脱江段　　 645m　　302mm　　 李雷　　🕐 2017 年 3 月

西藏墨头鱼

拉丁名： *Garra kempi* Hora, 1921

俗名：东坡鱼，布起拉阿（门巴族语）

>> 体细长，前部扁平，后部侧扁。吻圆钝，具有粗糙的角质突起。口下位，横裂，上唇边缘呈流苏状，下唇具有一发达椭圆形吸盘，吸盘中央为光滑肉质垫，周缘为游离的薄片。眼小。须 2 对，吻须略大于颌须。鳃孔伸展至头腹面，两鳃孔间距约等于吸盘中央光滑肉质垫宽度。身被鳞片，其中胸腹部裸露无鳞，腹鳍基部具有长形腋鳞。背鳍无硬刺，最长分支鳍条小于头长。腹鳍起点与背鳍第 1~3 分支鳍条相对。末端后伸超过肛门。尾鳍分叉。肛门距腹鳍基部末端等于距臀鳍起点的距离。体背棕黑色，腹部淡黄色，各鳍灰黑色，尾鳍没有弓形黑纹。主要栖息于激流水环境中，多在急流石下活动。繁殖期主要为 6~7 月。草食性小型鱼类，主要以底栖硅藻如纺锤硅藻、新月硅藻、真杆硅藻、带列硅藻等为食，兼食绿藻中的拟新月藻和蓝藻的栅连藻等。

分布：西藏察隅和墨脱两县的雅鲁藏布江下游干支流。

横口裂腹鱼

拉丁名：*Schizothorax plagiostomus* (Heckel, 1838)

俗　名：清波（噶尔）

>> 体延长，侧扁。头锥形，吻钝圆。雄鱼吻部具乳白色的刺突，雌鱼光滑。口下位，横裂，下颌具有锐利的角质前缘。下唇发达，单叶完整，后缘全部游离，唇表面具发达乳突，唇后沟连续。须 2 对，吻须 1 对，口角须 1 对，等长或口角须略长，但两者均短于眼径。眼较小。体被细鳞。背鳍起点至吻端的距离等于或者小于至尾鳍基部的距离。背鳍末根不分支鳍条下 2/3 部硬、上 1/3 软，其后缘两侧各有锯齿；腹鳍起点与背鳍第 3 根不分支鳍条相对或稍前；尾鳍叉形，尾柄侧扁。体背部褐绿色，腹部淡黄色或银白色，体侧黄绿色，体表无明显斑点。喜栖息于水质清澈、多石的河道深处，主要以底栖硅藻为食，繁殖期为 3 月。

分布：狮泉河和噶尔河。

墨脱裂腹鱼

拉丁名：*Schizothorax molesworthi* (Chaudhuri,1913)

俗　名：吉阿（门巴族语）

>> 体延长，稍侧扁。吻钝圆。口下位，横裂。下颌具有锐利的角质前缘。下唇完整发达，后缘游离，布满乳突，构成唇吸盘，唇后沟连续。须2对，一般稍大于眼径。前须末端后伸可达眼前缘，后须末端可达眼后缘。背鳍末端不分支鳍条稍强硬，尖端柔弱，其后缘具有锯齿。背鳍起点至吻端的距离稍小于其至尾鳍基部的距离；腹鳍起点对应于背鳍第1~3根分支鳍条。体被细鳞，其最大臀鳞略小于眼径。侧线完全且平直。体背青灰色，腹部银白色。背鳍青黑色，胸、腹鳍淡橘黄色，尾鳍末端淡红色。喜栖息于激流水环境。草食性鱼类，主要以着生硅藻类为食。繁殖期为1~2月。

分布：雅鲁藏布江下游墨脱、察隅江段的干支流及伊洛瓦底江上游水系。

 活体　　 雅鲁藏布江墨脱江段　　645m　　312mm　　李雷　　2017 年 4 月

短须裂腹鱼

拉丁名：*Schizothorax wangchiachii* (Fang,1936)

俗名：缅名、沙肚

体延长，略侧扁，头锥形，吻稍钝。口下位，横裂或略呈弧形。下颌前缘有锐利角质，唇后沟连续。须2对，较短，其长度约为眼径的一半，前须末端约到达鼻孔后缘的下方，后须末端到达眼球中部的下方。体被有鳞片，胸部至鳃颊以后有较明显的鳞片。背鳍刺较强，其后侧缘有明显的锯齿。背鳍起点至吻端的距离大于其至尾鳍基部的距离；胸鳍后伸不达腹鳍；尾鳍叉形。身体背部青蓝色或暗灰色，腹侧银白色，胸鳍、腹鳍和臀鳍皆为浅红色，尾鳍红色。喜生活于流水环境，群栖在多岩石粗沙的河水底层及干支流迥水水域中。食性较为单纯，以植物性食物为食，常用下颌刮食附着在水底岩石上的藻类，其中以硅藻为主，也食少量的蓝绿藻。4月前多见于大江河，4月之后逐渐上溯到支流与小河中。

分布：在西藏地区现知仅见于岗托。

活体　　259mm　　李华

33

异齿裂腹鱼

拉丁名：*Schizothorax oconnori* Lloyd, 1908
俗名：棒棒鱼

>> 体延长，呈棒形，吻部圆钝。口下位，横裂或弓形，下唇发达，下颌具有锐利的角质边缘，唇后沟连续。须较短，2 对，吻须稍短于颌须，颌须末端到达眼球中部下方。背鳍最后 1 根不分支鳍条较硬，且具有深刻锯齿。背鳍起点位于身体的前半部分，在腹鳍起点后上方。体具有细鳞。背侧青灰色，腹部银白色，在体侧、背鳍、尾鳍等处分布有黑色斑点。在繁殖季节，成熟的雄性亲本具体珠星，分布在吻端、眼眶周围及各个鳍条。性成熟较迟，寿命较长，喜在水质较为清澈的流水且底质为砾石的水体中活动。主要摄食着生藻类，其次为底栖无脊椎动物。繁殖期为 2~4 月，为同步产卵鱼类。

分布：雅鲁藏布江上、中游及其附属水体。

 活体　　 雅鲁藏布江仁布江段　　 3774m　　 317mm　　 李雷　　 2015 年 10 月

长丝裂腹鱼

拉丁名：*Schizothorax dolichonema* Herzenstein, 1889

>> 体延长，略侧扁，头呈锥形。吻钝圆。口下位，呈横裂或略呈弧形。下颌与下唇分离，下唇表面具有数个小乳突，唇后沟连续。下颌具有锐利的角质边缘。须2对，长度均大于眼径，吻须末端后伸可达眼球中部下方，口角须后伸可达眼球后缘下方。背鳍末根不分支鳍条具有硬刺，且具有12~21枚显著的锯齿；腹鳍基部起点位于背鳍基部起点之后，约与背鳍第1根分支鳍条相对应；尾鳍叉形。肛门位于臀鳍起点之前。体背细鳞。背部青蓝色或暗灰色，腹部银白色，尾鳍略带红色，背鳍、胸鳍、尾鳍上具有数个小斑点。主要以藻类为食，也摄食底栖无脊椎动。繁殖期为3~4月。

分布：西藏仅见于岗托一带的金沙江上游水系。

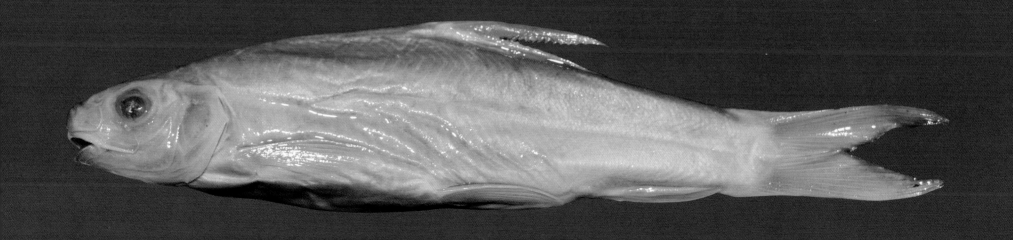

弧唇裂腹鱼

拉丁名：*Schizothorax curvilabiatus* (Wu & Tsao,1992)

俗 名：吉阿

>> 体延长，稍侧扁，吻钝圆。口下位。下颌具有锐利且较厚的角质边缘。下唇完整，后缘不能完全游离，表面乳突明显，唇后沟连续。须 2 对，约等长，吻须末端超过眼前缘，颌须末端后伸可达前鳃盖骨前缘。背鳍末根不分支鳍条粗硬，后缘具有数枚锯齿，背鳍起点至吻端的距离约等于其至尾鳍基部的距离；腹鳍起点对应于背鳍末根不分支鳍条或者第 1 根分支鳍条。除鳃峡部小区裸露无鳞外，体几乎全被细鳞。侧线完全。背侧青灰色，头背部具多数黑点或星状小斑，腹部银白色，各鳍橘黄色。喜栖息于岸边激流或河汊附近。杂食性鱼类，以摇蚊幼虫和水生昆虫为主要食物，也食着生藻类中的硅藻和水生植物。

分布：雅鲁藏布江下游干支流及察隅河、丹巴曲。

 活体　 雅鲁藏布江墨脱江段　 645m　 368mm　 李雷　 2017 年 3 月

怒江裂腹鱼

拉丁名: *Schizothorax nukiangensis* Tsao, 1964

体延长，稍侧扁。头锥形。口下位，横裂（大个体）或弧形（小个体）。下颌具有锐利的角质边缘，角质边缘平直。下唇发达，具有明显的乳突，唇后沟连续。下唇中部紧贴颏部而不能游离。须 2 对，吻须后伸达眼球中部下方，颌须后伸达眼后缘。背鳍末根不分支鳍条较弱，后缘两侧具细小锯齿，背鳍起点至吻端的距离与至尾鳍基部的距离约相等；臀鳍后伸远不达尾鳍基部；尾鳍深叉形。除胸腹部裸露无鳞外，身体其他部分被有细鳞，其中臀鳞较为发达。肛门与臀鳍基部两侧具有 15~18 枚臀鳞。侧线平直完全。体背侧青蓝色，具有细密的棕色小黑点，腹部银白色，各鳍橙黄色。繁殖期，雄性个体吻部多具珠星，身体背部和尾部在侧线上部布满乳白色小刺突。杂食性鱼类，主要以着生藻类为食，也摄食底栖无脊椎动物。繁殖期为 5~7 月。

分布：怒江中上游水系，西藏、云南均有分布。

四川裂腹鱼

拉丁名: *Schizothorax kozlovi* Nikolskii , 1903

>> 体延长, 略侧扁, 头锥形。口下位, 呈弧形。下颌内侧有角质层, 但不锐利。成鱼的中间叶较为明显, 幼鱼中间叶不明显, 成鱼和幼鱼唇后沟均中断, 后缘游离。须2对, 吻须末端后伸可达眼球中部的下方, 口角须末端后伸超过眼后缘下方。背鳍外缘内凹, 背鳍末根不分支鳍条为硬刺, 后缘具有13~18枚显著的锯齿; 腹鳍起点位于背鳍基部起点的略后, 与背鳍的末根不分支鳍条或第1根分支鳍条相对; 尾鳍叉形。体背细鳞。背部青灰色或黄灰色, 腹部银白色, 尾鳍红色。主要摄食水生昆虫幼虫。

分布: 西藏分布于金沙江水系。

 标本　 中国科学院水生生物研究所　📷 姜海峰　🕐 2017 年 8 月

拉萨裂腹鱼

拉丁名：*Schizothorax waltoni* Regan, 1905
俗名：尖嘴

>> 体修长，稍侧扁。头长，吻较尖。口呈马蹄形，下位。唇发达，下唇分左右两叶，部分个体具有细小的中间叶，下唇与下颌之间有一条明显的凹沟，唇后沟连续。下颌具有不锐利的角质边缘。2 对须，颌须稍长，其长度大于眼径；吻须末端约到达鼻孔后缘的下方，颌须末端约到达眼球后缘的下方。体被细鳞，鳞片不规则，身体前部腹侧的鳞片细小，后部鳞片则较大。背鳍末根不分支鳍条粗硬，具有发达的锯齿，背鳍起点至吻端的距离大于至尾鳍基部的距离。背部黄褐色，腹部浅黄色，体侧具有许多不规则的黑色斑点。喜流水。杂食性鱼类，主要以底栖无脊椎动物及水生昆虫为食，兼食着生藻类。繁殖期为 3~4 月，为同步产卵类型，一年产卵一次。雌鱼最小的性成熟年龄为 6 龄；雄鱼最小性成熟年龄为 5 龄。

分布：主要分布于雅鲁藏布江中游干支流。

 活体　　 雅鲁藏布江仲巴江段　　▲ 4529m　　〜〜〜 336mm　　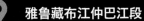 李雷　　 2016 年 5 月

巨须裂腹鱼

拉丁名：*Schizothorax macropogon* Regan,1905
俗　名：胡子鱼

体延长，稍侧扁。头锥形。口呈弧形，下位，下颌前缘具有不锐利的角质。下唇分左右两叶，唇后沟中断。2对须，吻须末端后伸可达前鳃盖骨前部，颌须后伸可达主鳃盖骨后部。体被有细鳞。背鳍末根不分支鳍条为硬刺，后缘具有较为显著的锯齿，背鳍起点至吻端的距离大于至尾鳍基部的距离；腹鳍起点位于背鳍起点的前下方。侧线完全。体背和体侧青黑色，腹部浅黄色，体侧少数有黑褐色暗斑。喜流水，多在干流敞水处活动。杂食性鱼类，主要以底栖无脊椎动物和水生昆虫为食，也摄食高等植物的碎片和种子，同时兼食着生藻类。藻类中出现最高的是硅藻，其次为绿藻。繁殖期为 5~6 月。

分布：主要分布在雅鲁藏布江中游干支流。

活体　　雅鲁藏布江桑日江段　　3569m　　416mm　　李雷　　2016 年 5 月

全唇裂腹鱼

拉丁名：*Schizothorax integrilabiatus* Wu et al.,1992
俗　名：擦布

>> 体短小，稍侧扁。吻钝圆。口呈深弧形，下位。下颌几乎完全被下唇包围，仅前端具较狭细而不发达的角质。下唇完整，前中部具细小乳突。唇后沟连续。须2对，均短于眼径，吻须末端达鼻后孔，颌须末端至眼后缘。全身几乎均被有鳞片，仅鳃颊小区裸露。侧线鳞稍大。最大臀鳞大于眼径的1/2。背鳍末根不分支鳍条柔软，其下半部后缘具有6~11个较细的锯齿；腹鳍起点对应于背鳍第1~3根分支鳍条。体背青黑色，腹部银白色，背侧多小黑斑。杂食性鱼类，主要以落水水生昆虫为食，也食水生维管束植物碎片。
分布：仅见于墨脱西公湖及其周围山溪。

 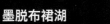

西藏裂腹鱼

拉丁名：*Schizothorax labiatus* (McClelland, 1842)

>> 体延长，侧扁；头锥形，吻钝圆。口下位，弧形。下颌边缘有纹状角质层。下唇分左右两叶，唇后沟连续。须2对，吻须末端后伸可达鼻孔下方，颌须末端后伸可达眼球中部。除腹部无鳞外，体几乎全部被细鳞。背鳍起点至吻端的距离等于或大于其至尾鳍起点的距离，背鳍末根不分支鳍条较硬，后缘具有锯齿；腹鳍起点与背鳍起点相对；尾鳍叉形，两叶等长。下咽骨弧形，咽齿3行，咽齿顶端尖细而钩曲，咀嚼面凹陷。齿骨叉状。鳔2室，腹膜黑色。背侧部黑褐色，腹部淡黄色。喜静水，长栖息于湖泊静水深处。杂食性鱼类，主要以底栖无脊椎动物和藻类为主要食物。繁殖期为6~7月，在河流中产卵。

分布：班公错和狮泉河，以及西亚一些国家。

活体　班公错　4278m　396mm　马波　2015 年 7 月

澜沧裂腹鱼

拉丁名： *Schizothorax lantsangensis* Tsao, 1964
俗名： 长条鱼（青海囊谦），面鱼

体延长，稍侧扁，头锥形，口下位，弧形，下颌前缘无锐利角质。下唇发达，分左右两叶，并有细小的中间叶。唇后沟连续。须2对，吻须末端超过眼球中部；颌须超过前鳃盖骨。背鳍末根不分支鳍条较硬，后缘具有发达的锯齿；腹鳍起点对应于背鳍起点至末根不分支鳍条之间；尾鳍叉形。除胸部裸露无鳞外，或在胸鳍末端之后腹部有隐于皮下的鳞片，其他部分均被有细鳞。臀鳞发达。侧线完全。背部深褐色，体侧黄褐色，腹部淡黄色。冷水性底层鱼类，杂食性，主要以底栖无脊椎动物为食，也摄食硅藻和植物碎片。繁殖期为4~8月。

分布：澜沧江和怒江水系上游干支流，在青海、西藏、云南均有分布。

活体　　孔德平

双须叶须鱼

拉丁名: *Ptychobarbus dipogon* (Regan, 1905)

俗 名: 花鱼

体修长，略侧扁。头锥形，吻突出。口下位，马蹄形。唇发达，下颌无锐利角质前缘，下唇的左右两叶在前端连接，连接处后的内侧缘各自向内卷。下唇表面多皱纹，唇后沟连续。口角须 1 对，末端后伸达眼后缘下方。除胸腹部裸露无鳞或仅有很少鳞片外，体全身均被鳞片，鳞片较大。背鳍最后不分支鳍条柔软，无锯齿。背鳍起点至尾鳍基部的距离稍大于至吻端的距离；腹鳍起点对应于背鳍的第 5~6 根分支鳍条；尾鳍叉形。背部为青灰色，腹部银白色，体背侧、头部及背鳍均有黑色斑点。为高原底栖冷水鱼类，喜栖息于沙石底质的洄水或缓流处。杂食性，主要以硅藻、大型无脊椎动物和有机碎屑为食。

分布: 雅鲁藏布江中游干支流。

锥吻叶须鱼

拉丁名：*Ptychobarbus conirostris* Steindachner, 1866
俗名：锥吻重唇鱼

» 体延长，呈棒状。头长，锥形。吻尖细。口下位，深弧形。下唇发达、肥厚，分左右两叶。唇后沟连续。须 1 对，末端超过眼后缘。眼小，侧上位。除胸腹部裸露外，其他部分均被细鳞。背鳍起点至吻端的距离越等于或小于背鳍起点至尾鳍基部距离，背鳍末端不分支鳍条软，后缘无锯齿；腹鳍起点与背鳍第 5、6 分支鳍条相对；尾鳍叉形。体青褐色，腹银灰色，全身及鳍有致密黑斑。喜栖息于多卵石的河道中，杂食性鱼类，主要以底栖水生动物为食，尤其是摇蚊幼虫和双翅目昆虫最多，其次是硅藻类和植物碎屑。繁殖期为 4~5 月。

分布：狮泉河和噶尔河。

 活体　　 狮泉河革吉段　　🏔 4509m　　📏 436mm　　📷 李雷　　🕐 2015 年 7 月　　45

裸腹叶须鱼

拉丁名: *Ptychobarbus kaznakovi* Nikolskii,1903

体修长，棒状，身体前部较粗壮，尾部渐细。头呈锥形，吻向前突出，口下位，呈弧形，下颌无锐利的角质边缘。唇发达，下唇的左右两叶在前端连接，无中间叶，唇后沟连续，下唇表面多褶皱。须1对，较长。体被细鳞，但胸腹裸露无鳞，臀鳞发达。背鳍末根不分支鳍条细弱，后缘无锯齿；腹鳍基部起点与背鳍第4~6根分支鳍条相对。背部铅灰色腹部灰白色，背部和体侧分布有不规则的小圆斑，头背面和各鳍密布小黑点。喜栖息于江河干流洄水或缓流砂石底处活动。主要以水生无脊椎动物为食，兼食多种浮游植物。繁殖期为4~5月。
分布：金沙江、澜沧江和怒江的上游。

斑重唇鱼

拉丁名：*Diptychus maculatus* Steindacher,1866
俗名：黄瓜鱼

体延长，棒状，吻圆钝，突出于上颌之前。口下位，横裂或弧形。下颌具有锐利的角质边缘。下唇分左右两叶，表面具多数乳突。唇后沟中断。颌须 1 对。眼小，侧上位。体被细鳞，胸腹裸露无鳞，其中雌鱼臀鳞约与眼径相等；雄鱼臀鳞小于眼径。背鳍末根不分支鳍条软弱，后缘无锯齿；胸鳍较短；腹鳍起点位于背鳍起点之后，相对于背鳍第 5~7 根分支鳍条。臀鳍后伸达尾鳍痕迹鳍条。肛门紧靠臀鳍。身体背侧青灰色，腹银白色或淡黄色，头部、体背侧及背、尾鳍上分布有黑斑，侧线下有 1~2 条暗色纵带。雌雄的差异是，雄性个体臀鳍末根分支鳍条变为硬刺，末端钩曲，而雌性正常。繁殖期雄鱼具有第二性征，在其头部、背侧及臀鳍出现珠星。喜栖息于河流、湖泊岸边的草丛或石缝间隙。主要摄食底栖无脊椎动物和着生藻类。繁殖期为 5~9 月。

分布：日土县羌臣摩河。

高原裸鲤

拉丁名：*Gymnocypris waddellii* Regan, 1905

>> 体长形，稍侧偏，吻圆钝。口端位，下颌前缘无锐利角质边缘。下唇狭细，分左右两下唇叶。唇后沟中断。无须。身体几乎完全裸露，仅在肩带部有少数不规则的鳞片。背鳍末根不分支鳍条细长，上半部细软、下半部硬，后缘具 16~22 枚锯齿；腹鳍起点位于背鳍起点之后，与背鳍第 4~5 根分支鳍条相对。体背黑褐色，侧线下浅棕色。头部背侧、背鳍及尾鳍有小黑斑点。喜栖息于缓静流水处。以小型浮游动物轮虫类和底栖硅藻、蓝绿藻为主要食物，兼食水生维管束植物和小型无脊椎动物。繁殖期为 6 月。

分布：莫特里胡河、定日鲁曲河、山南羊卓雍湖、哲古湖、多钦湖和克鲁昂成湖等河流和湖泊。

活体   311mm   陈毅锋

硬刺裸鲤

拉丁名：*Gymnocypris scleracanthus* Tsao et al. 1992

 体延长，稍侧扁，吻钝圆。口近端位，呈马蹄形。下颌内缘有明显而狭窄的角质棱。唇后沟中断，无须。体几乎无鳞，仅具有臀鳞且在肩带部分有3~4行不规则的鳞片，其中，臀鳞前段达腹鳍基部或者中断。臀鳞较大，最大鳞片约为眼径的3/4。背鳍最后不分支鳍条较硬，后缘具有17~19枚较为显著的锯齿，其起点至吻端距离稍小于距尾鳍基部的距离；腹鳍起点与背鳍第4、5分支鳍条相对；尾鳍叉形。背侧略呈青色

软刺裸鲤

拉丁名：*Gymnocypris dobula* Günther,1868

>> 体延长，稍侧扁，头锥形，口的位置多种，有亚上位、端位和亚下位。下颌前缘无角质或仅内侧有角质。下唇狭细，分左右两下唇叶。唇后沟中断。无须。体表除臀鳞外几乎完全裸露，仅肩带部分有少数不规则的鳞片。背鳍末根不分支鳍条细弱，基部稍硬，后缘锯齿细小；腹鳍基部起点位于背鳍起点之后，与第 3~5 根分支鳍条对应；尾鳍叉形。背部灰褐色，体侧灰白色，杂有许多不规则的黑褐色斑点，背尾鳍具不明显暗点。主要摄食蜉蝣目幼虫和植物碎片。繁殖期间成熟个体会进入河流产卵，繁殖期为 7~8 月。

分布：佩枯湖及其附属水体。

 标本　 中国科学院水生生物研究所　 姜海峰　 2017 年 8 月

尖裸鲤

拉丁名：*Oxygymnocypris stewartii* (Lloyd, 1908)
俗名：白鱼

>> 体修长。头锥形，吻部尖长。口端位，较大。下颌稍短于上颌，无锐利的角质。上唇发达，下唇分左右两叶。唇后沟中断。无须。背鳍末根不分支鳍条较粗硬，具有显著的锯齿，背鳍起点至吻端的距离远大于其至尾鳍基部的距离；腹鳍基部起点位于背鳍起点之前的下方。体表几乎裸露无鳞，仅在肩带部分有少数鳞片且具有臀鳞。体背部青灰色，体侧灰白色，腹部银白色，在头部、背部和体侧具有不规则斑点。喜流水，肉食性，主要以鱼类和水生昆虫为食。雄性成熟的个体具有珠星，而雌性无珠星。繁殖期为 3~4 月，为分批同步产卵鱼类。在雅鲁藏布江中游干流是唯一的肉食性鱼类，处于食物链的顶端，为西藏当地重要的保护对象。

分布：主要分布在雅鲁藏布江的中游干支流，但根据项目组的调查，在日喀则以下的中游干支流数量较少，在上游干流的霍尔巴有所发现。

  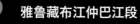

软刺裸裂尻鱼

拉丁名：*Schizopygopsis malacanthus* Herzenstein, 1891
俗　名：土鱼、小嘴湟鱼

体延长，背鳍前稍圆，其后侧扁。吻钝圆。口呈横裂或微弧形，下位。下颌具锐利角质前缘，唇狭窄，分左右两下唇叶，唇后沟中断。无须。体表几乎裸露，仅具有臀鳞和肩胛部有少数呈覆瓦状排列的不规则鳞片。侧线完全且平直。背鳍末根不分支鳍条较软，基部稍硬，后缘有不甚明显的锯齿，背鳍起点至吻端的距离小于或等于至尾鳍基部的的距离；腹鳍末端明显平截，其起点与背鳍第 4~5 根分支鳍条相对；尾鳍叉形。背部黄褐色，向下至侧线以下渐呈淡黄色，腹侧银白色或灰色。胸、腹鳍和臀鳍呈浅橘黄色，背、尾鳍为浅灰色或青灰色。体侧常分布不规则的云斑或小黑点。喜急流江段水体，有穴居越冬的习性。杂食性鱼类，主要以着生藻类为食，也食水生昆虫。每年 5 月下旬开始产卵繁殖。

分布：金沙江和雅砻江上中游干支流。

舒树森

高原裸裂尻鱼（指名亚种）

拉丁名：*Schizopygopsis stoliczkae* Steindachner, 1866

>> 体延长，稍侧扁。头锥形，吻圆钝。口下位，横裂或弧形。眼侧上位。下颌前缘具锐利角质，且角质宽平。唇后沟中断，下唇分左右唇叶。无须。背鳍起点至吻端的距离小于其至尾鳍基部的距离，背鳍末根不分支鳍条较硬，其后缘具有锯齿；腹鳍起点与背鳍第 3~4 根分支鳍条相对；臀鳞较为发达，前伸可达腹鳍基部，高度约等于眼径；尾鳍叉形。全身其余部分裸露无鳞，仅臀鳞和肩胛部具有 4~5 行不规则鳞片。侧线呈皮褶状。鳔两室，后室远大于前室。肠较长。体黄褐色，腹部银白色，绝大部分个体体侧有褐色云斑，少数没有。各鳍斑点不明显。草食性鱼类，主要以底栖硅藻为食，繁殖期为 4~6 月。

分布：狮泉河、噶尔河、象泉河、喀拉喀什河。

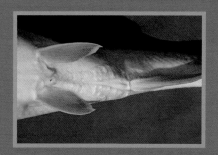

 活体　　 狮泉河革吉段　　▲ 4509m　　░░░░ 342mm　　 李雷

西藏鱼类图集

高原裸裂尻鱼（玛旁雍错亚种）

拉丁名: *Schizopygopsis stoliczkae maphamyumensis Wu & Zhu, 1979*

》 体延长，稍侧扁。头锥形，吻纯圆。口亚下位，横裂或弧形。下颌前缘具锐利角质，与指名亚种相比，角质更为宽平。唇后沟中断。下唇分左右唇叶。无须。背鳍起点位于体中央稍前，背鳍最后不分支鳍条较硬，其后缘具有数枚锯齿；腹鳍起点与背鳍第 3~4 根分支鳍条相对；尾鳍叉形。除臀鳞和肩胛部的 4~5 行不规则鳞片外，全身其余部分裸露无鳞。臀鳞较发达，可达腹鳍基部，高度约等于眼径。体黄褐色，腹部银白色，体背侧具有黑斑，各鳍具有明显的黑色斑点。主要摄食硅藻和蓝绿藻，也摄食水生昆虫。主要繁殖期为 5 月。与指名亚种的主要区别是玛旁雍错亚种角质更为宽平，鳃耙数目多于指名亚种的鳃耙数目，且排列较为紧密。

分布：玛旁雍错、公珠错、兰格湖等高原湖泊。

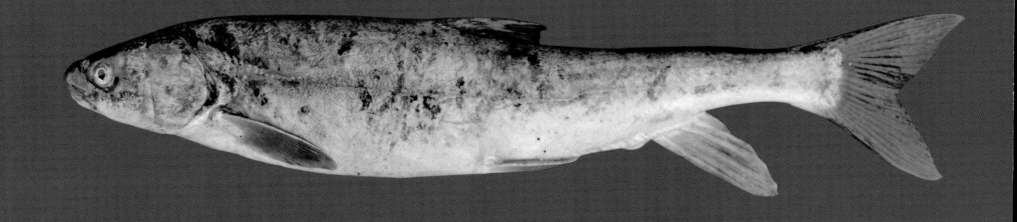

  活体 玛旁雍错 4590m 287mm 马波 2015 年 10 月

高原裸裂尻鱼（班公湖亚种）

拉丁名：*Schizopygopsis stoliczkae bangongensis* Wu & Zhu, 1979

» 体延长，稍侧扁。头锥形，吻纯圆。口亚下位，横裂或弧形。下颌前缘具锐利角质，且角质细狭。唇后沟中断。下唇分左右唇叶。无须。背鳍起点位于体中央稍前，背鳍最后不分支鳍条较硬，其后缘具有数枚锯齿；腹鳍起点与背鳍第 3~4 根分支鳍条相对；尾鳍叉形。全身裸露无鳞，仅臀鳞和肩胛部具有 4~5 行不规则鳞片。臀鳞发达，可达腹鳍基部，高度约等于眼径。体黄褐色，腹部银白色，体背侧具有黑斑，各鳍具有明显的黑色斑点。繁殖期为 7 月。杂食性鱼类，主要以底栖硅藻、浮游动物和水生昆虫为食。雄鱼成熟的最小体长为 120mm，雌鱼性成熟的最小体长为 257mm。与指名亚种的主要区别是班公湖亚种角质细狭，肠长为体长的 3.29 倍；而指名亚种角质宽平，肠长为体长的 5.33 倍。

分布：班公湖及其附属水体，以及日土贡错和斯潘古尔湖。

 活体　　 班公错　　 4278m　　 276mm　　 马波　　 2015 年 10 月

前腹裸裂尻鱼

拉丁名：*Schizopygopsis anteriventris* Wu & Tsao, 1989

» 体延长，稍侧扁，吻圆钝。口下位，横裂或弧形，下颌前缘具锐利角质。下唇略具肉质，分左右两叶，唇后沟中断。无须。体表几乎裸露，仅在臀部和肩带部分有少数不规则鳞片。背鳍末根不分支鳍条端部细软，其余部位粗壮坚硬，后缘有锯齿；腹鳍起点位于背鳍起点之后，与背鳍第 1~2 根不分支鳍条相对应；尾鳍叉形。背部和体侧褐色或灰黄色，腹部为银白色，体侧有数块不规则云斑，头和体背部密布小黑点。喜栖息于河流缓水处，主要以藻类为食，也摄食一定的水生昆虫幼虫。繁殖期为 5 月。

分布：西藏澜沧江水系上游干支流。

标本 　 中国科学院水生生物研究所 　 姜海峰 　 2017 年 8 月

温泉裸裂尻鱼

拉丁名：*Schizopygopsis thermalis* Herzenstein,1891

>> 体延长，侧扁，头锥形，吻钝圆。口下位，稍弧形。上颌长于下颌，下颌角质上翘，有锐利角质前缘。唇较窄，分左右两下唇叶；唇后沟中断。无须。体表大部裸露无鳞，仅在臀部和肩胛部有 1~2 行不规则鳞片。侧线完全、平直。背鳍末根不分支鳍条较硬，后缘具有锯齿但不发达，起点至吻端的距离小于至尾鳍基部的距离；腹鳍起点一般与背鳍第 4~5 根分支鳍条相对。体背面黑褐色，下部浅棕色，体侧有形态、大小不一的云斑，或密布黑点并夹有云斑。喜栖息于高原宽谷河流或湖泊中。摄食藻类和水生无脊椎动物。繁殖期为 5~6 月。此时雄性个体吻部、体背侧和背鳍、臀鳍多棕色珠星，臀鳍最后分支鳍条变硬，呈钩状；雌性臀鳍有乳白色珠星。

分布：西藏唐古拉山以及怒江水系一带。

拉萨裸裂尻鱼（指名亚种）

拉丁名：*Schizopygopsis younghusbandi* Regan, 1905

俗　名：土鱼

≫ 体长，略侧扁。头锥形，吻钝圆。口下位。下颌具有锐利的角质前缘，下唇唇后沟中断，分左右两片唇叶。无须。背鳍起点至吻端的距离小于至尾鳍基部的距离，背鳍末根不分支鳍条柔软。腹鳍起点与背鳍第 4、5 分支鳍条相对，末端不达肛门；尾鳍叉形。肛门紧靠臀鳍起点。体几乎裸露无鳞，除臀鳞外，仅在肩胛部有几行不规则鳞片。侧线完全。体背部灰褐色，腹部黄或灰白色，体侧具不规则暗斑，头、背侧具有不规则的黑褐色斑点。杂食性鱼类，捕食方式为刮食型，主要以藻类和大型无脊椎动物为食，也摄食水生植物、小型无脊椎动物及虫卵。全年摄食，但亲鱼在繁殖时停止摄食。

分布：雅鲁藏布江大拐弯以西干支流及羊八井温泉出水小河中。

　活体　雅鲁藏布江曲水江段　3612m　298mm　李雷　2015 年 10 月

拉萨裸裂尻鱼（山南亚种）

拉丁名：*Schizopygopsis younghusbandi shannaensis, Wu et al.1979*

>> 体长，略侧扁。头锥形，吻钝圆。口下位。下颌具有锐利的角质前缘，下唇唇后沟中断，分左右两片唇叶。无须。背鳍起点至吻端的距离小于至尾鳍基部的距离，背鳍末根不分支具有细小锯齿。腹鳍起点与背鳍第 4~5 根分支鳍条相对，末端不达肛门；尾鳍叉形。肛门紧靠臀鳍起点。体几乎裸露无鳞，除臀鳞外仅在肩胛部有几行不规则鳞片。侧线完全。体背部灰褐色，腹部黄或灰白色，体侧无黑色豹斑。杂食性鱼类。

分布：西藏南部的苏班西里河、东樟河以及山南各小型湖泊。

 活体　　 哲古错　　 4621m　　 223mm　　 李雷　　 2016 年 10 月

拉萨裸裂尻鱼（喜马拉雅亚种）

拉丁名： *Schizopygopsis younghusbandi himalayensis* Tsao,1974

俗　名： 土鱼

体长，略侧扁。头锥形，吻钝圆。口下位。下颌具有锐利的角质前缘，下唇唇后沟中断，分左、右两片唇叶。无须。背鳍起点至吻端的距离小于至尾鳍基部的距离，背鳍末根不分支鳍条柔软；腹鳍基部位置偏前，末端不达肛门；尾鳍叉形。肛门紧靠臀鳍起点。体几乎裸露无鳞，除臀鳞外，仅在肩胛部有几行不规则鳞片。侧线完全。体背部灰褐色，腹部黄或灰白色，体侧具不规则暗斑，头、背侧具有不规则的黑褐色斑点。与指明亚种的区别是鳃耙数偏少，腹鳍基部位置偏前。杂食性鱼类，捕食方式为刮食型，主要以藻类和大型无脊椎动物为食，也摄食水生植物、小型无脊椎动物及虫卵。全年摄食，但亲鱼在繁殖时停止摄食。

分布： 麻章藏布（波曲）

 活体　 朋曲定日段　 4237m　 301mm　 李雷　 2017 年 10 月

小头高原鱼

拉丁名：*Herzensteinia microcephalus* (Herzenstein,1891)

体延长，稍侧扁。吻钝，且呈锥形。口下位，呈弧形。下颌具有锐利的角质边缘。唇后沟中断，下唇分左右两叶。无须，眼位于头长的前 1/3 处，侧上位。鼻孔位于眼的正前方，前后鼻孔被一发达的瓣膜分开，前后鼻孔形状不同，前鼻孔椭圆形，后鼻孔半月形。侧线完全较平直。体裸露无鳞，仅在肩胛部及臀部有鳞片。背鳍起点至吻端距离大于至尾鳍基部的距离，末根不分支鳍条为硬刺；胸鳍后伸远不达腹鳍基部；腹鳍远不达臀鳍基部；尾鳍叉形。肛门紧靠臀鳍起点。体侧具有深褐色斑点，各鳍均有黑色斑点。主要以藻类为食，也摄食水生无脊椎动物。繁殖期为 6 月。

分布：色林错入湖支流扎加藏布。

平鳍裸吻鱼

拉丁名：*Psilorhynchus homaloptera* Hora & Mukerji, 1935

>> 体延长，背缘弓形，胸、腹部平直。头宽扁，吻钝圆。口下位，下颌突露，前端厚钝，中间凹，呈双弧形。眼侧上位。鼻孔位于眼前方。无吻须，口角须深埋在吻皮内侧。体被有鳞片，鳞片排列整齐。侧线平直，完全。背鳍最后一根不分支鳍条硬且光滑；胸鳍宽大平展，不分支鳍条多，后伸不达腹鳍；腹鳍起点在背鳍起点的前下方，末端超过肛门；臀鳍较小，后伸不达尾鳍基；尾鳍深分叉。肛门位于腹鳍和臀鳍间距的前 1/3 处。鳃耙退化。鳔两室，后室小，膜质，游离于腹腔。背侧部褐色，腹部色浅，沿侧线常有深褐色斑块 5~7 枚。栖居于山溪或河中砾石较少的河段，主要以水生藻类和底栖无脊椎动物为食。8 月仍见有怀卵个体，卵黄色，直径约 0.5mm。

分布：在我国仅分布于西藏雅鲁藏布江下游。

活体 　 雅鲁藏布江墨脱江段 　 645m 　 98mm 　 李雷 　 2017 年 4 月

墨脱纹胸鲱

拉丁名： *Glyptothorax annandalei* Hora,1923

>> 吻端至背鳍基部渐隆起，其后部平直。头及腹鳍前躯平扁。头长稍大于头宽。眼小，位于头后半部。鼻孔2对，鼻孔距吻端较近于眼眶前缘。须4对，鼻须短小；上颌须达胸鳍第3、4分支鳍条；内侧颏须短；外侧颏须不达胸鳍起点。唇和头部腹面具乳状突起。胸部具有吸盘，较为发达，长大于宽。体表裸露无鳞。侧线完全。背鳍刺较弱，其起点位于体前1/3处，离吻端稍近于至脂鳍起点；胸鳍宽，后缘圆，短于头长；胸鳍刺后缘具锯齿，腹面也有斜皮褶；腹鳍末端超过肛门或接近臀鳍起点；尾鳍深凹状。体棕黄色，体背面中央和左、右侧线有纵长浅条纹贯穿；背鳍、脂鳍和胸鳍基部都有棕色斑块。腹部浅黄色。喜栖息于急流或瀑布跌水处。

分布：雅鲁藏布江下游支流。

黄斑褶鮡

拉丁名：*Pseudecheneis sulcata* (McClelland, 1842)
俗　名：褶赖、绒布（门巴族语）

>> 体长，近圆筒形，前部侧扁。腹部具有吸着器，略呈卵圆形，由横向的 14~16 皮褶组成。口下位，较小。眼小。须 4 对，较短，颌须达到眼前缘的下方。背鳍无硬刺；脂鳍短而高，与臀鳍相对；胸鳍发达，末端后伸达到腹鳍基部末端；腹鳍可达肛门；尾鳍深分叉。侧线完全。肛门紧靠臀鳍起点。背部和体侧棕灰色，且有数个较大的黄斑，其中，背鳍前 1 个，两侧各 1 个，背鳍起点左右各 1 个，脂鳍后方正中 1 个。腹部肉呈红色。各鳍后缘呈黄色。喜栖息于多砾石的流水环境中，可上溯浅滩急流。杂食性小型鱼类，主要以摇蚊幼虫和硅藻为食。

分布：雅鲁藏布江中下游。

平唇鮡

拉丁名：*Parachiloglanis hodgarti* (Hora,1923)

》 体延长，头扁平，体后躯侧扁。胸部无吸着器。眼小，上位，居头中部。须 4 对；鼻须 1 对，末端超过眼后缘；上颌须 1 对，末端尖细，超过胸鳍基部；外颏须 1 对，末端达胸鳍基部；内颏须 1 对，短小。口宽，腹位，呈弧形，上下颌具齿带，上颌齿原（鱼兆）型。下唇无唇后沟，下唇和鳃峡部相连。内颏须间有一小凹坑。鳃孔下角伸至胸鳍第 1 分支鳍条之上。体裸露无鳞。侧线完全，平直。背鳍起点位于胸鳍后半部上方，离吻端较距臀鳍起点为近；脂鳍几乎与背鳍相连；胸鳍末端超过腹鳍基部；腹鳍后伸不达肛门，腹鳍与臀鳍起点间的距离几达体长之半；尾鳍后缘凹入。肛门紧靠臀鳍起点。体深褐色，腹部淡，体表无明显斑点或条纹。喜栖息于小河近岸边急流处，主要以底栖无脊椎动物为食。

分布：雅鲁藏布江下游墨脱背崩和地东等地。

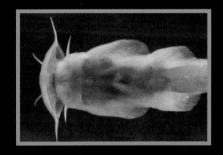

🐟 活体　📍 雅鲁藏布江墨脱江段　⛰ 651m　📏 101mm　📷 李雷　🕐 2017 年 4 月　65

黑斑原鮡

拉丁名： *Glyptosternum maculatum* (Regan,1905)

俗　名： 石扁头、巴格里（藏语音）

>> 体延长，前躯平扁，后躯侧扁。头扁平。眼小，上位。口下位，横裂。上下颌具齿带；上颌齿带弧形，下颌齿带中间断裂，分成 2 块。鳃孔大，延伸至腹面。须 4 对，鼻须生于两鼻孔之间，后伸达眼径或超过眼前缘；上颌须后伸不超过胸鳍基部起点；外颌须后伸达鳃颊或接近胸鳍起点。胸部及鳃颊部有结节状乳突。体表无鳞；侧线不明显。背鳍短，其不分支鳍条腹面有细纹状皮褶；脂鳍低。胸鳍不分支鳍条腹面也具有细纹状皮褶，其后伸超过背鳍起点；腹鳍末端超过肛门，但不达臀鳍；尾鳍截形。肛门靠近臀鳍起点，距腹鳍起点距离约为至臀鳍起点距离的 2.0 倍。尾鳍截形。背部和体侧黄绿色或灰绿色，腹部黄白色，体侧有不明显的斑块或黑斑密布。栖居于沙底、水流缓慢的河流中，主食底栖无脊椎动物。3~5 月繁殖，在沙石底质的河道中产卵。

分布： 雅鲁藏布江中游干支流。

活体　　刘海平　　2016 年 6 月

贡山鮡

拉丁名：*Pareuchiloglanis gongshanensis*（Chu, 1981）

俗　名：石扁头

体延长，头、胸部宽扁，尾柄细长。胸部平坦，无吸着器。口下位，横裂。唇褶和胸部具有乳突，唇后沟中断。4 对须，上颌须末端后伸超过胸鳍起点。鳃孔较小，下角于胸鳍第 5 根分支鳍条相对。上颌齿带狭长，中央有显著缺刻，两侧段不向后延伸，下颌齿带分两块。背鳍至吻端距离大于至脂鳍的距离；脂鳍起点与腹鳍后端相对；胸鳍不达腹鳍起点；尾鳍外缘微凹。肛门位于腹鳍和臀鳍之间，其到臀鳍的距离小于至腹鳍的距离。侧线完全平直。体表裸露无鳞。体黄色，腹部色浅，鳍棕色。主要以水生无脊椎动物为食。

分布：在西藏分布于左贡一带的怒江干支流中。

细尾鮡

拉丁名：*Pareuchiloglanis gracilicaudata* (Wu & Chen, 1979)

俗　名：石爬子

>> 体延长，头宽而扁，胸腹部略圆，后躯渐细，尾柄细长而稍侧扁。吻部肉质，弧形。眼小，为皮膜覆盖。口下位，横裂。上下颌具齿带，上颌齿带1块，中间有小缺口。下颌齿带分左右两块，弧形。唇后沟中断。胸间皮肤较为粗糙。鳃孔小。须4对，鼻须不达眼前缘；颌须达到或超过鳃孔下角；外侧颏须达到或超过胸鳍起点；内侧颏须约为外侧颏须的一半。体裸露无鳞，侧线完全，不明显。胸部无吸着器。背鳍起点在胸鳍末端之前；腹鳍起点至臀鳍起点的距离约等于至胸鳍起点；胸鳍远不达腹鳍；腹鳍可达或超过肛门；臀鳍起点至尾鳍基部的距离约等于腹鳍起点的距离；臀鳍末端与脂鳍末端几乎相对；尾鳍平截或稍内凹。肛门位于臀鳍和腹鳍的中点或稍前。体黄绿色，腹部黄，尾鳍深褐色。喜激流水环境。肉食性鱼类，主要以环节动物为食。

分布：青藏高原上的澜沧江干支流。

活体　　　孔德平

扁头鳅

拉丁名： *Pareuchiloglanis kamengensis* （Jayaram,1966）

俗　名： 石头扁，巴巴拉（门巴族语）

>> 头宽，扁平，后躯延长，侧扁；背部隆起，腹面至泄殖腔孔平展。口横裂，呈下位。唇较发达。口角处唇叶发达，具有唇吸盘。须4对。鼻孔2对。眼小，上位。鳃孔中等大，其下角相对于胸鳍第2根分支鳍条。上、下颌具齿带，上颌齿带1块；下颌齿带中间有一缝隙。侧线完全，平直。体表裸露无鳞。背鳍不甚发达，末根不分支鳍条细软，后缘光滑；胸鳍末端超过腹鳍起点，胸鳍和腹鳍柔软而密接，有利于同内凹的胸腹部及前颌须构成一个大的吸盘；腹鳍末端不达肛门；臀鳍末端与脂鳍末端相对；尾鳍后缘平截。体棕色，无明显斑块和点纹，腹部淡黄色。喜栖息于急流多石的河段，贴附于岩石表面，以水生无脊椎动物为主要食物。

分布：雅鲁藏布江水系的易贡和通麦地区。

凿齿鲱

拉丁名：*Glaridoglanis andersonii* (Day, 1870)
俗　名：巴巴拉（墨脱门巴族语）

>> 头部扁平，口下位，横裂。眼小，上位。须4对；鼻须后伸达眼前缘；上颌须1对，后伸超过胸鳍基部之后；外颌须1对，接近或达到胸鳍基部；内颌须短小。唇后沟不连续。上下唇发达，相接于口角处，但尚未构成完整的唇吸盘。上下颌具有齿带，齿凿型，宽而平截；上颌齿带1块，似（鱼兆）型，但齿带中间有一不明显缝隙，两侧不向后伸延。头腹面中央有一明显凹坑或浅沟；鳃皮条后缘与鳃膜在头腹面构成一条分隔胸部的明显界线。侧线完全，平直。体表裸露无鳞。偶鳍第1鳍条特别宽大，柔软，其腹面有羽状皱褶或横纹皮褶；背鳍末根不分支鳍条无硬刺；脂鳍低长；胸鳍水平展开，后伸达腹鳍基部；腹鳍后部达腹鳍基部后侧扁；尾鳍平截，微凹。体棕褐色，腹面黄褐色，各鳍游离缘呈浅灰色。喜栖息于河流的支流或山溪，主要以蚋科幼虫和蜉蝣目幼虫等水生昆虫及藻类为食。

分布：察隅县察隅河、昂曲及嘎布曲等雅鲁藏布江下游支流。

藏鳅

拉丁名：*Exostoma labiatum*（McClelland, 1842）

俗　名：巴搭拉（墨脱门巴族）

体延长，头部扁平，后躯侧扁。吻端圆。口下位，横裂。唇后沟连续，下唇外翻，平贴颌部，形成唇吸盘。眼小，位于头背部。鼻孔 2 对。须 4 对，其中鼻须 1 对，后伸可达眼前缘；上颌须 1 对，后伸达胸鳍后基部；颏须 2 对，部分被下唇掩盖，外颏须大于内颏须，外颏须后伸可达胸鳍基部。上下颌具有齿带。背鳍起点至吻端的距离小于至尾鳍基部的距离；脂鳍起点一般紧接背鳍后缘；胸鳍较宽圆，上半部垂直状、下半部水平状，末端不达腹鳍；腹

亚东鲑

拉丁名: *Salmon trutta fario* Linnaeus, 1758

俗 名: 猫鱼、河鲑

≫ 体长，侧扁。口端位，吻钝而短。上颌骨末端达到眼后缘的后方。齿发达，两颌、犁骨、腭骨和舌上均有细尖而短的齿。舌宽大，中间凹。假鳃较发达。鳃盖膜不与峡部相连。体被小圆鳞。侧线完全。背鳍末端不分支鳍条柔软，背鳍起点距吻端的距离略小于其距尾鳍基部的距离；脂鳍较小，后缘可以游离活动；尾鳍后缘向内凹陷，略呈弧形。肛门靠近臀鳍起点。体背部青蓝色，腹部银白色，头背、体侧上部、背鳍和尾鳍上密布外缘为白色的蓝色小圆斑。沿侧线及体侧下部杂以镶有白圈的红宝石色小圆斑。常在砾石底质的河流和滩口处活动，傍晚和夜间到缓流水处摄食。肉食性鱼类，主要以毛翅目幼虫和双翅目等昆虫为食，也摄食小鱼和甲壳类等。繁殖期为秋冬季。

分布: 在中国仅分布于西藏亚东河。

 活体　🎞 刘海平　🕐 2016 年 7 月

2.2 外来鱼类图集

泥鳅

拉丁名： *Misgurnus anguillicaudatus* (Cantor,1842)

体延长，前躯圆柱形，后部侧扁。背、腹缘较平直，头较尖，吻长小于眼后头长。眼小，侧上位。口下位，呈马蹄形。上唇发达，内缘有皱褶，侧端接颌须基部。下唇分为两叶。前后吻须分别伸达后鼻孔和眼后缘下方。须5对。侧线不完全，其长不超过胸鳍。体被细鳞，埋与皮下。背鳍起点位于腹鳍起点之前上方；胸鳍和腹鳍皆短小；尾鳍圆形。尾柄上下缘均具明显的皮褶棱，末端与尾鳍相连。体色因生活在不同水体而有差异，一般体背侧深褐色。体上散布许多小斑。尾鳍基上侧具一墨斑。背、尾鳍具不规则的斑点。喜栖息在缓流或静水底层，常钻入淤泥中。主要以昆虫幼虫、小型甲壳动物及藻类为食。繁殖期为4~9月。

分布：雅鲁藏布江支流及缓流和静水水域。

 活体　　 拉萨河拉萨段　　 3619m　　▭▭▭ 116mm　　 李雷　　 2017年10月

大鳞副泥鳅

拉丁名：*Dabry de* Thiersant,1872

≫ 体长形，侧扁，体较高，腹部圆。尾柄上下的皮褶极为发达，分别达背鳍和臀鳍基部后端。头短，锥形，其长度小于体高。吻短而钝。口下位，呈马蹄形。唇较薄，鳍上有许多皱褶。须5对，各须均长，口角须后伸可达鳃盖后缘，其长度大于吻长，一般大个体（体长100mm以上）的口角须比小个体的略短。眼稍大，位于头侧上方，眼间距稍宽，其宽度约大于眼径的1倍（成体）。无眼下刺。性成熟的雄鱼头顶部和两侧有许多白色的锥状珠星，有时臀鳍附近的体侧也有。体灰褐色，背部色较深，腹部黄白色。体侧具有不规则的斑点，后段比前段的斑点多。胸鳍和腹鳍浅黄色带灰色，其上有少数黑色斑点。背鳍、臀鳍和尾鳍浅灰黑色，其上具有不规则的黑色斑点。体型较大，数量较少，其生活习性与泥鳅相似。常见于底泥较深的湖边、池塘、稻田、水沟等浅水水域，对低氧环境适应性强。除了鳃呼吸外，还可以进行皮肤呼吸和肠呼吸。视觉很弱，但触觉及味觉极为灵敏。杂食性，幼鱼阶段摄食动物性饵料，以浮游动物、摇蚊幼虫、丝蚯蚓等为食。长大后饵料范围扩大，除可食多种昆虫外，也可摄食丝状藻类、植物根、茎、叶及腐殖质等。成鳅则以摄食植物食物为主。2龄性成熟，3月开始产卵。

分布：在西藏分布于雅鲁藏布江中游及其支流如拉萨河等。

 活体　 拉萨河拉萨段　 3619m　 186mm　 李雷　2015 年 5 月

鲫

拉丁名：*Carassius auratus* (Linnaeus, 1758)
俗　名：鲫瓜子、鲫鱼、鲫壳

>> 体侧厚，腹部较圆。头小，吻钝。口端位，呈弧形，下颌稍向上斜。唇较厚。鳃空较大。无须。背鳍基部较长，背鳍外缘平直或微凹，背鳍刺较强，后缘具有粗的锯齿；胸鳍末端可达腹鳍起点；腹鳍起点位置在背鳍起点之前，或两者相对，腹鳍末端不达肛门，第1分支鳍条最长；尾鳍叉形。背部灰黑色，腹部灰白色，各鳍灰色。为广适应性鱼类，耐低温、低氧条件，在水草丛生的浅水河汊或湖泊分布较多。杂食性，主要以有机碎屑、藻类、水生维管束植物的嫩叶为食，也食枝角类、桡足类、摇蚊幼虫、虾以及水底腐败植物等。繁殖期为3~6月，分批产卵。

分布：全国各地均有分布。在西藏地区雅鲁藏布江中游及部分附属水体被发现，并形成了一定的种群。

鲤

拉丁名：*Cyprinus carpio* (Linnaeus, 1758)

体长，侧扁，背部隆起。头较小。口下位或亚下位，呈马蹄形。须 2 对。眼中等大，侧、上位。鳃耙短，三角形。背鳍较长，背鳍基部长度大于体长的 1/3，背鳍起点至吻端的距离小于至尾鳍基部的距离，背鳍最后 1 根不分支鳍条较硬，后缘具有锯齿；胸鳍后伸不达腹鳍基部；腹鳍后伸不达肛门；臀鳍起点最后 1 根不分支鳍条较硬，后缘具锯齿；尾鳍深叉形。体背部多呈灰黑色或黄褐色，腹部银白色。背鳍和尾鳍基部灰黑色，体色常随生活水体不同而有较大变异。尾鳍下叶橘红色，偶鳍淡红色。中型鱼类，生长较快，适应性强，能忍受不良环境。杂食性鱼类，食物随其栖息环境的不同有很大的差异，一般以底栖动物为食，也食水草和藻类。繁殖期为 3~5 月，也可以在秋季产卵，卵黏性。

分布：在西藏主要分布在雅鲁藏布江中下游及附属水体等人类活动范围较多的水体。

活体　拉萨河拉萨段　3619m　426mm　李雷　2015 年 5 月

草鱼

拉丁名: *Ctenopharyngodon idella* (Valenciennes, 1844)

>> 体长,略呈圆筒形,腹部圆。吻端短而钝。口端位,呈弧形。无须。眼位于近头侧中线的位置。眼间距约于眼后头长相等。鳃耙排列疏松,呈柱形。背鳍小,最后1根不分支鳍条不成硬刺,背鳍起点至吻端的距离大于至尾鳍基部的距离;胸鳍较长,但后伸不达腹鳍基部;腹鳍较短小,后伸不达肛门;尾鳍叉形。体被有较大且呈圆形的鳞片。侧线完全。肛门紧靠臀鳍起点。性成熟的雄鱼胸鳍背后及尾柄鳞片上有白色的珠星。体背部青灰色,腹部银白色,腹鳍浅黄色,其余各鳍浅灰色。草鱼为大型鱼类,栖息于水体中下层,性活泼。生长较快,具有重要的养殖价值。草食性鱼类,主要以水草为食。最早性成熟年龄为4~5龄,繁殖期为4~5月,喜在激流水中繁殖。

分布: 在西藏仅见于雅鲁藏布江中游江段及其支流如拉萨河等。

 活体　　 拉萨河拉萨段　　 3619m　　 463mmt　　 李雷　　 2016 年 5 月

鳙

拉丁名：*Hypophthalmichthys nobilis* (Richardson, 1845)

体侧扁，较高。腹部基部至肛门前有腹棱。头大。口端位，较大。无须。眼位于头侧中轴下方，较小。背鳍基部短，无硬刺，背鳍基部至吻端的距离大于其至尾鳍基部的距离；胸鳍末端超过腹鳍基部；腹鳍末端可达肛门；臀鳍起点位于背鳍起点后下方，距腹鳍基部末端的距离小于距尾鳍基部的距离；尾鳍深分叉。肛门靠近臀鳍起点。体被有细小鳞片。侧线完全。体背部及体侧上半部微黑，腹部银白色。为"四大家鱼"之一，杂食性，主要以浮游动物为食，也摄食浮游植物。

分布：分布较广，据西藏据当地人反应在拉萨河偶有捕到，拉萨水产品市场有销售。

  活体 拉萨河拉萨段 3619m 323mm 李雷 2017 年 10 月

麦穗鱼

拉丁名：*Pseudorasbora parva* (Temminck& Schlegel, 1846)

>> 体侧扁，腹部圆，头稍尖，上下略平扁。吻略尖且突出。口小、上位，下颌较上颌长，口裂垂直，下颌后端未达鼻孔前缘的下方。眼大，眼间宽平。唇薄，简单，唇后沟中断。无须。下咽齿纤细，末端呈钩状。鳃耙退化，排列不明显。体被鳞片，侧线完全平直。背鳍无硬刺，外缘圆弧形，其起点距吻端与距尾鳍基相等或略近吻端；胸鳍短小，后伸不及胸腹鳍基距的 2/3；臀鳍圆弧形；尾鳍叉形。肛门紧靠臀鳍起点。体背及体侧上半部灰褐色，腹部银白色。自吻端通过眼中部沿体侧中轴直达尾鳍基部纵贯一黑色条纹。体侧每个鳞片后缘均有一半月形黑色斑纹，幼鱼更为显著。喜栖息于水草丛中。成体主食浮游生物，其中以桡足类和枝角类最多，其次为藻类和水草，也食昆虫。繁殖期为 4~6 月。

分布：为西藏外来鱼类，见于西藏雅鲁藏布江中游及支流。

黄鳝

拉丁名：*Monopterus albus* (Zuiew, 1793)

体细长，呈蛇形，前段呈圆筒状，肛门后渐侧扁，尾部短而尖细。头短，呈锥形。吻端尖。口大，端位，口裂后伸超过眼后缘。唇发达，唇后沟不连续。无须。眼侧上位，较小，外表覆盖有一层皮膜。鼻孔 2 对。鳃孔较小，不达头的两侧。鳃膜左右相连，不与峡部相连。背鳍、臀鳍及尾鳍均退化，通过不明显的皮褶连在一起，无鳍条；无胸鳍和腹鳍。肛门位于臀鳍皮褶之前，距尾端较近。体无鳞，且光滑。具有发达的侧线。背部及侧线上部黄褐色，侧线以下黄色。肉食性鱼类，主要以水生昆虫为食，也捕食小鱼、小虾等。繁殖期为 4~8 月，一般全长 300mm 以下为雌性，300~360mm 发生性逆转，380mm 以上全部为雄性。

分布：分布较广，在西藏仅发现于拉萨河，在拉萨鱼市场有出售。

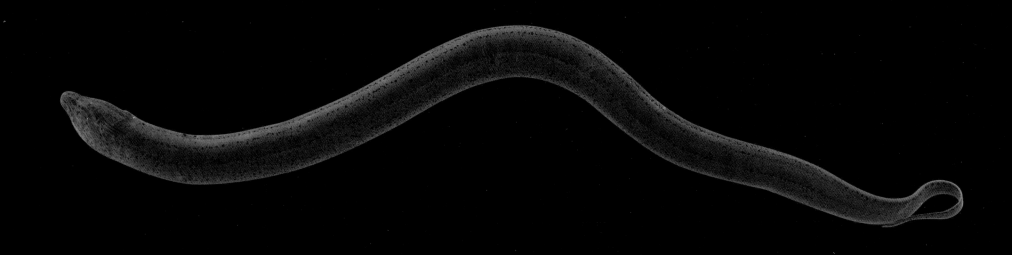

 活体　 拉萨河拉萨段　 3619m　 226mm　 李雷　 2017 年 10 月

葛氏鲈塘鳢

拉丁名：*Perccottus glenii* Dybowski, 1877

≫ 体呈纺锤形。头大而扁平。口端位，较大。眼中等大，位于头前侧上方。鼻孔两对。后鳃盖骨无刺，鳃盖膜在峡部相连。体被鳞片。无侧线。具有两个互不连接的背鳍，第一背鳍起点的距离至吻端的距离小于距尾鳍基部的距离；胸鳍发达；腹鳍小；尾鳍后缘圆形。体背部和体侧呈黑褐色或绿褐色，体侧具有不规则的垂直条纹。两个背鳍均有浅黄绿色斑点，其中第一背鳍有 2 行，第二背鳍有 6 行。臀鳍和尾鳍均有浅绿褐色斑点。小型鱼类，喜静水，性不活泼，耐缺氧。肉食性鱼类，全年均摄食，主要以红线虫、水蚯蚓、蚂蟥、蝼蛄幼虫、贝类、各种水生昆虫的幼虫、鱼卵等为食，较大个体也摄食小鱼。雌鱼最早性成熟个体为 2 龄，繁殖期为 5~7 月，卵具黏性，雄鱼有保护卵孵化的习性。

分布：在西藏分布于拉萨河等雅鲁藏布江支流。

 活体　　📍 拉萨河拉萨段　　🏔 3619m　　📏 126mm　　📷 李雷　　🕐 2016 年 5 月

黄鲆

拉丁名: *Micropercops swinhonis* (Günther,1873)

>> 体长形,侧扁。头大,吻钝。口较大,后伸达眼前缘下方。下颌稍长于上颌,向前突出。无须。眼位于头侧上方,较大,眼间距等于或小于眼径。2对鼻孔,前后分离。鳃孔大,鳃膜与峡部相连。具有两个背鳍,前后分离,第一背鳍短小,第二背鳍较长;胸鳍较大,末端圆;腹鳍小于胸鳍,左右分离而不愈合成吸盘;臀鳍位于第二背鳍第三、四根分支鳍条的下方;尾鳍呈圆扇形。肛门紧靠臀鳍起点。体有较大的鳞片,吻和眼间无鳞,鳃盖、胸、腹部有较小的圆鳞。体黄褐色,背部颜色较深,具有多条黄褐色横带纹。背鳍上有4~5列黑色小斑点。臀鳍和尾鳍基部为橘黄色。小型鱼类,喜栖息于水底。

分布: 分布较广,在西藏分布于雅鲁藏布江中游及其支流如拉萨河等,拉鲁湿地也有发现。

乌鳢

拉丁名： *Channa argus* (Cantor, 1842)

>> 体长，圆筒状，尾部侧扁。头较大。吻圆钝。口端位，较大，后伸可达眼后缘下方。下颌稍突出。无须。眼位于头侧上方，较小。2 对鼻孔，前鼻孔呈管状，后鼻孔为一小圆孔。背鳍基部较长，末端接近尾鳍基部，外缘平截；胸鳍呈圆扇形，较大；腹鳍近胸位，末端不达肛门；臀鳍基部较长，末端接近尾鳍基部，外缘平截；尾鳍圆形。肛门紧靠臀鳍起点。体被有鳞片，侧线完全。身体为灰黑色，具有不规则的黑色斑块。眼后头侧有两条黑色条纹。背鳍、臀鳍和尾鳍灰黑色；胸鳍和腹鳍浅黄色。肉食性鱼类，幼鱼主要以桡足类和枝角类为食；成鱼主要以水生昆虫、虾和鱼为食。繁殖期为 4~7 月。

分布：分布较广，在西藏据当地人反应在拉萨河偶有捕到，拉萨产品水市场有销售。

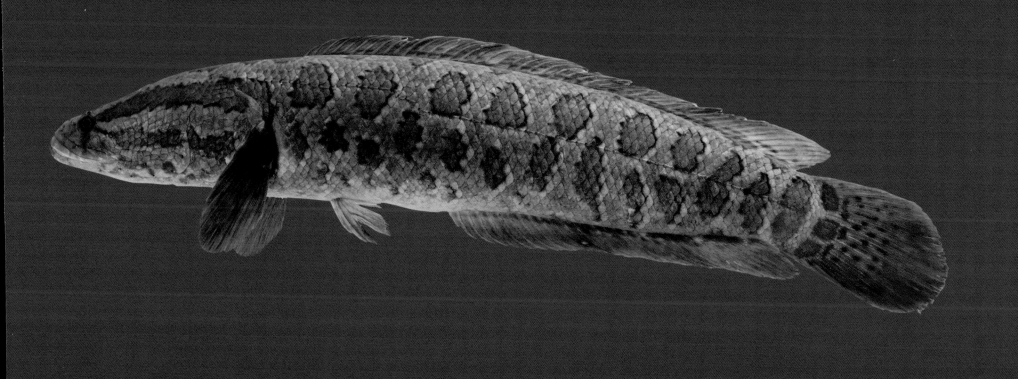

活体　　拉萨河拉萨段　　3619m　　231mm　　李雷　　2017 年 10 月

罗非鱼

拉丁名：*Oreochromis mossambicus* (Peters, 1852)

体侧扁。头短小，吻较钝。眼较大。无须。体被有鳞片。背鳍起点约与鳃盖后缘相对，背鳍基部较长，背鳍后伸可超尾鳍基部，背鳍基部终点位于臀鳍基部终点之后；胸鳍较长，超过腹鳍基部；尾鳍圆形。生长较为迅速，营养丰富，抗病性较强，在我国具有重要的养殖价值，也是世界主要的养殖鱼类。杂食性鱼类，以植物为主，也摄食浮游生物及底栖生物。繁殖能力较强，6个月可以达到性成熟。

分布：分布较广。仅在拉萨河有所发现。

鲇

拉丁名： *Silurus asotus* Linnaeus, 1758

俗　名： 鲇巴郎、土鲇

>> 体长形，侧扁，背部平直，腹部圆。头扁平。口亚上位，口裂末端不超过眼前缘下方。2 对须，上颌须长，后伸可超过胸鳍末端。眼小，侧上位。具有前后分离的 2 对鼻孔。背鳍短小，无硬刺，背鳍起点至吻端的距离小于至尾鳍基部的距离；无脂鳍；雄鱼胸鳍硬刺较为发达，后缘锯齿较为显著，但雌鱼不具有粗壮的硬刺，后缘无锯齿或具有小突起，胸鳍末端远不达腹鳍起点；腹鳍后伸超过臀鳍起点，腹鳍基部长，与尾鳍相连；尾鳍近截形。肛门紧靠臀鳍起点。体不具有鳞片。侧线完全且平直。体背和体侧灰黑色或褐色，腹部白色。肉食性鱼类，主要以小型鱼类、底栖生物和水生昆虫幼虫为食。最早性成熟年龄为 1 龄，繁殖期随着水域的不同而存在差异，一般繁殖期为 4~7 月，卵具强黏性。

分布： 分布较为广泛。在西藏分布于日喀则等雅鲁藏布江中游江段以及拉萨河等雅鲁藏布江支流。

雅鲁藏布江

ཡར་ཀླུང་གཙང་པོ།

雅鲁藏布江是全球海拔最高的大河之一。全长 2 057km，发源于喜马拉雅山脉北麓的杰马央宗冰川，横贯西藏南部，经巴昔卡出国，最终进入印度洋的孟加拉湾。自仲巴以上称为雅鲁藏布江上游，又称为马泉河，海拔在 4 500m 以上，长度为 268km，主要为宽谷盆地；自仲巴至派镇为中游，海拔约 2 800~4 500m，长度为 1 293km，河谷宽窄相间，以宽为主；自派镇至巴昔卡为下游，海拔约 600~2 800m，长度为 496km，为高山峡谷。具有五大支流，分别为拉萨河、帕隆藏布、尼洋河、拉喀藏布和年楚河。浮游植物以着生藻类、蓝藻、绿藻为主；浮游动物主要以枝角类和桡足类为主；底栖生物主要有摇蚊幼虫、积翅目幼虫、蜉蝣目幼虫、毛翅目幼虫、虻科幼虫、介形动物、寡毛类以及螺类为主。鱼类方面，中上游干流及支流主要分布有异齿裂腹鱼、拉萨裂腹鱼、巨须裂腹鱼、拉萨裸裂尻、双须叶须鱼、尖裸鲤、高原鳅、黄斑褶鮡、黑斑原鮡等鱼类；下游主要分布有弧唇裂腹鱼、墨脱裂腹鱼、墨脱四须鲃、墨脱华鲮、平鳍裸吻鱼、黄斑褶鮡、浅棕条鳅、墨脱纹胸鮡、细体纹胸鮡、平唇鮡、凿齿鮡、葳鳠、墨脱阿波鳅等鱼类。

朋曲发源于厦马邦峰北坡的野博康加勒冰川，长度为 376km，流经聂拉木、定日、萨迦、定结等县。显著特点是南部高山众多，珠穆朗玛峰即位于此。鱼类分布主要有拉萨裸裂尻喜马拉雅亚种、细微高原鳅、小眼高原鳅。

朋曲

纳木错
 གནམ་མཚོ།

纳木错，曾用名腾格里海，在藏语中是"天湖"的意思。位于那曲地区，念青唐古拉山西北部，形成于第三纪喜马拉雅运动时期。湖面平均海拔为 4 718m，是我国海拔最高的湖泊，面积约为 1 961.5km²，岸线长约 318.0km，最大水深约 55m。湖水呈深蓝色，透明度可达 12m，冬季结冰，4 月开始融化。湖泊矿化度较低，属于淡 - 微咸水湖。浮游植物以硅藻为主，其次为绿藻；浮游动物包括原生动物、轮虫类、枝角类和桡足类等。分布的鱼类有纳木错裸鲤和异尾高原鳅。

色林错

ཟེར་བྱིང་མཚོ།

色林错，曾用名奇林湖，在藏语中的意思是"威光映复的魔鬼湖"。位于那曲地区，冈底斯山北麓，是班公 - 怒江大断裂带内的最大构造湖。湖面平均海拔 4 530m，面积为 2 391km²，为西藏第一大咸水湖。其支流扎根藏布是西藏最大的内流河，而扎加藏布是最长的内流河。湖水深蓝色，透明度可达 8.5m。分布的鱼类有纳木错裸鲤，其支流扎加藏布分布有小头高原鱼。

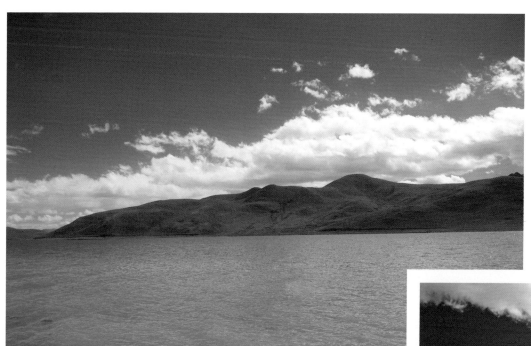

羊卓雍错
ཡར་འབྲོག་གཡུ་མཚོ།

羊卓雍错，简称羊湖，在藏语中是"碧玉湖"的意思，是西藏三大圣湖之一。位于山南市浪卡子县，距离雅鲁藏布江约 8~10km。湖面平均海拔为 4 441m，面积约为 638km^2，岸线长约 410km，最大水深约 59m。属于微咸水湖。湖水蓝绿色，透明度可达 12m。浮游植物主要包括硅藻门、绿藻门、蓝藻门、裸藻门、甲藻门、黄藻门；浮游动物包括轮虫、原生动物、桡足类和枝角类等。分布的鱼类有高原裸鲤、异尾高原鳅和细尾高原鳅。

哲古错

ཁྲི་གུག་མཚོ།

位于山南市措美县中部。湖面海拔 4 611m，面积为 56.8km^2。
属藏南山地灌丛草原半干旱气候，为内陆淡水湖。鱼类分布有
拉萨裸裂尻指名亚种、拉萨裸裂尻山南亚种和细尾高原鳅。

又名昂仁错，位于昂仁县。湖面平均海拔 4 303m，面积 24.3km²。为微咸水湖。分布的鱼类有拉萨裸裂尻昂仁亚种。

昂仁金错

ཁྲ་མས་མཚོ།

拉鲁湿地

ལྷ་ལུ་འདམ་ར

拉鲁湿地位于拉萨市内, 是世界海拔最高、面积最大的城市湿地, 藏语为"当热"。平均海拔高度 3 645m, 面积约为 6.2km², 为高原芦苇泥炭沼泽湿地。植被以芦苇为主, 伴生有苔草、香草、三角草等。具有土著鱼类 5 种, 分别为异齿裂腹鱼、拉萨裸裂尻鱼、尖裸鲤、东方高原鳅和异尾高原鳅; 7 种外来鱼类, 分别是鲫、鲤、草鱼、麦穗鱼、泥鳅、鲇和黄鲋。在鱼类的分布上, 麦穗鱼和鲫分布较广, 土著鱼类仅分布在小部分水域。

四、参考文献

曹文宣，陈宜瑜，陈嘉佑 .1978. 西藏地区水生生物区第科学考察 [J]. 水生生物学

曹文宣，朱松泉 .1988. 青藏高原高原鳅属鱼类两新种（鲤形目：鳅科）[J]. 动物分类学报，（2）：201-204.

陈毅峰，陈自明，何德奎，等．2001. 藏北色林错流域的水文特征 [J]. 湖泊科学，13（1）：21-28.

陈宜瑜 .1998. 中国动物志 - 硬骨鱼纲鲤形目（中卷）[M]. 北京：科学出版社 .

褚新洛，郑葆珊，戴定远 .1999. 中国动物志 - 硬骨鱼纲鲇形目 [M]. 北京：科学出版社 .

丁瑞华 .1994. 四川鱼类 [M]. 成都：四川科学技术出版社 .

范丽卿，土艳丽，李建川，等 .2011. 拉萨市拉鲁湿地鱼类现状与保护 [J]. 资源科学 ,33（9）：1742-1749.

乐佩琪 .2000. 中国动物志 - 硬骨鱼纲鲤形目（下卷）[M]. 北京：科学出版社 .

李斌，岳兴建，王志坚 .2010. 西藏鲱科鱼类一新记录种 - 无斑褶鮡 [J]. 重庆师范大学学报（自然科学版），27（2）：18-19.

孟恺，石许华，王二七，等．2012. 青藏高原中部色林错湖近 10 年来湖面急剧上涨与冰川消融 [J].《科学通报》，57（7）：571-579.

王汨，李斌，岳兴建，等 .2010. 西藏鱼类一新记录科 - 平齐鳅科 [J]. 重庆师范大学学报（自然科学版），27（1）：26-27.

王苏民，窦鸿身 .1998. 中国湖泊志 [M]，北京：科学出版社 .

卫学承 .2002. 拉萨拉鲁湿地生态学特征及恢复与重建措施研究 [J]. 西藏科技，108（4）：58-63.

武云飞，吴翠珍 .1982. 青藏高原鱼类 [M]. 成都：四川科学技术出版社 .

西藏自治区水产局 .1995. 西藏鱼类及其资源 [M]. 北京：中国农业出版社 .

杨日红，于学政，李玉龙．2003. 西藏色林错湖面增长遥感信息动态分析 [J]. 国土资源遥感，15(2)：64-67.

杨志刚，杜军，林志强．2015.1961—2012 年西藏色林错流域极端气温事件变化趋势 [J]. 生态学报，35（3）：613-621.

朱松泉 .1989. 中国条鳅志 [M]. 南京：江苏科学技术出版社 .

图书在版编目（CIP）数据

西藏鱼类图集 / 纪锋，李雷著 . -- 北京 ：中国农业出版社， 2017.10
（西藏水生生物保护系列丛书）
ISBN 978-7-109-23567-0

Ⅰ．①西… Ⅱ．①纪… ②李… Ⅲ．①鱼类－西藏－图集 Ⅳ．① Q959.4-64

中国版本图书馆 CIP 数据核字（2017）第 283888 号

中国农业出版社出版
（北京市朝阳区麦子店街18号楼）
（邮政编码 100125）
责任编辑　林珠英

北京中科印刷有限公司印刷　　新华书店北京发行所发行
2017年10月第1版　　2017年10月北京第1次印刷

开本：889mm×1194mm　1/16　　印张：6.75
字数：230千字
定价：150.00元
（凡本版图书出现印刷、装订错误，请向出版社发行部调换）